地下水埋深与施氮对土壤—作物水氮转运及利用的作用机制

齐学斌　佘映军　李平　等　著

中国农业科学技术出版社

图书在版编目（CIP）数据

地下水埋深与施氮对土壤—作物水氮转运及利用的作用机制 / 齐学斌等著. --北京：中国农业科学技术出版社，2023.9

ISBN 978-7-5116-6430-3

Ⅰ.①地…　Ⅱ.①齐…　Ⅲ.①土壤氮素－肥水管理－研究　Ⅳ.①S153.6

中国国家版本馆CIP数据核字（2023）第170346号

责任编辑	李　华
责任校对	李向荣
责任印制	姜义伟　王思文

出　版　者	中国农业科学技术出版社
	北京市中关村南大街12号　　邮编：100081
电　　话	（010）82109708（编辑室）　　（010）82109702（发行部）
	（010）82109709（读者服务部）
网　　址	https:// castp.caas.cn
经　销　者	各地新华书店
印　刷　者	北京建宏印刷有限公司
开　　本	170 mm×240 mm　1/16
印　　张	13.75
字　　数	232千字
版　　次	2023年9月第1版　　2023年9月第1次印刷
定　　价	98.00元

《地下水埋深与施氮对土壤—作物水氮转运及利用的作用机制》

著者名单

主　著：齐学斌　佘映军　李　平

参　著：郭　魏　白芳芳　张　彦

　　　　梁志杰　代智光　吕　辉

　　　　高　芸　张锡林　刘小飞

　　　　杜臻杰　崔嘉欣　孙利剑

　　　　黄仲冬　李开阳　赵　倩

　　　　赵志娟　裴青宝　张　芳

内容简介

　　本书详细介绍了地下水埋深与施氮组合对作物—土壤系统氮素转化运移及水氮利用效率的影响研究现状、研究目标与主要研究内容、试验材料与研究方法、地下水埋深和施氮组合对冬小麦生理生长与品质的影响、地下水埋深与施氮对冬小麦水分利用的影响、地下水埋深与施氮对冬小麦干物质及氮素转运和氮素利用的影响、地下水埋深和施氮对土壤包气带物理化学特性及氮素表观损失的影响、施氮对不同地下水埋深水土界面土壤环境与微生物特性效应剖析、主要研究结论与下一步工作展望等成果。本研究以水土资源高效可持续利用、农业绿色发展及生态环境保护为主要目标，采取室内实验与室外试验相结合、机理研究与技术应用相结合、微观研究与宏观分析相结合，以及试验与模拟相结合的技术路线，揭示冬小麦关键生育期物质积累、地下水蒸散和水分利用效率对地下水埋深和施氮的响应特征，分析作物—土壤系统氮素含量、转运和分配的演变特性，核算氮素利用及其生产能力，探究施氮和地下水埋深水氮生产力组合效应以及最优地下水埋深和最佳施氮量，构建土壤水土界面概念框架，分析水土界面土壤微生物特性，进行地下水埋深与施氮水氮组合作用下的作物生产环境效应分析。研究成果对于制定地下水埋藏较浅地区水肥优化配置方案，保障粮食安全，促进农业可持续发展等奠定了重要的研究基础，兼具理论性、实践性和资料性。

　　本书可供从事农业、水利、土壤、水文地质及生态环境等领域的广大科技工作者、工程技术人员、管理人员使用，也可供相关大专院校师生阅读参考。

前　言

地下水是作物生长的重要水源，可以调节作物用水过程，但不合理的地下水埋深会限制作物正常生长；施氮是促进作物增产和农业增效的重要举措，但过量施氮引发的生态环境问题由来已久，氮肥减施增效是保障农业绿色发展的重要举措。传统的水氮组合不仅从研究上进行了大量深入分析，从生产实践中也得到了充分应用，而浅地下水埋深区，如何优化施氮，如何定量评估地下水与施氮的组合效应，鲜有报道。本研究基于小型Lysimeter群，于2020—2022年在中国农业科学院河南新乡农业水土环境野外科学观测试验站，系统研究了不同地下水埋深和不同施氮量组合对冬小麦生长、产量与品质，地下水消耗与利用，关键生育期干物质和氮素积累、转运与分配，土壤氮素分层残留和氮转化关键酶活性以及水土界面土壤微生物特性等的影响，研究结果对于地下水埋藏较浅地区农业水肥优化调控与管理、农业可持续发展和生态环境保护等具有重要意义。

本书得到了"十四五"国家重点研发计划项目（2021YFD1700900）、中国农业科学院科技创新工程等项目（CAAS-ASTIP）、国家自然科学基金项目（51679241、51709265）、中国农业科学院科技创新工程重大任务（CAAS-ZDRW202201）、中央级公益性科研院所基本科研业务费专项（Y2022GH10）的资助。

全书共分为八章。第一章为绪论，主要介绍了研究背景与目的意义、国内外研究现状以及存在不足之处；第二章为试验材料与方法，主要介绍了试验设计、样品采集与测试方法和数据分析方法等；第三章为地下水埋深和施氮组合对冬小麦生长、产量和品质的影响，主要分析了地下水埋深和施氮组合对冬小麦株高、叶面积指数、产量及其构成要素的影响；第四章为地下水埋深与施氮对冬小麦水分利用的影响，主要研究了冬小麦生育期地下水日均消耗速率、地下水埋深对冬小麦日均地下水耗散规律影响、施氮对冬小麦日均地下水耗散规律影响、冬小麦产量和水分利用多元回归分析等；第五章为地下水埋深与施氮对冬小麦干物质及氮素转运和氮素利用的影响，主要研究了地下水埋深与施氮对冬小麦干物质积累量、器官干物质量分配比例、干物质转运量和对籽粒的贡献率，对氮素转运率和贡献率、氮素利用效率等的影响；第六章为地下水埋深和施氮对土壤包气带物化特性、氮素表观损失的影响，主要研究了地下水埋深和施氮对土壤含水量、pH值、电导率、包气带总氮含量、包气带总磷含量、土壤脲酶活性的影响，氮素表观平衡及损失量估算，施氮对浅地下水埋深下纵向剖面总氮、总磷分布规律的影响等；第七章为施氮对不同地下水埋深水土界面土壤环境、微生物特性效应剖析，主要包括水土界面构建，水土界面土壤氮素含量、土壤细菌群落多样性、土壤细菌物种数量，不同组合处理水土界面物种差异分析等；第八章为结论与展望。

本书汇聚着中国农业科学院农业水资源优化配置与调控技术研究团队全体成员和多位研究生的智慧和心血，在此谨表谢意。另外，本书还参考了其他专家的研究成果与资料，均已在参考文献中列出，在此一并表示感谢。尽管尽了最大努力，但由于著者水平有限，书中仍可能存在谬误或疏漏之处，敬请读者批评指正。

著　者

2023年7月

目　录

1 绪论

1.1 研究背景与目的意义

氮素是促进作物生长的重要养分，农业氮素投入对提升作物产量和发展农业生产具有重要意义。据联合国粮食及农业组织（FAO）统计，随着农业与经济的高速发展，全世界农业总氮投入由2002年的82.53Tg（百万吨）增长到2016年的110.18Tg，我国则从25.22Tg增长到30.62Tg，占世界总氮投入的30%左右，其中人工化肥对总氮投入贡献最大（Galloway et al.，2008；刘忠等，2009）。

20世纪末，我国农民为追求农田高产，盲目施用化肥，我国氮素输入经历了从平衡到盈余阶段（高超等，2002），盈余量从1984年的5.9Tg增加到2014年的12.8Tg，增幅为116.5%（何文天，2017）。其中，化肥氮是氮输入项的主要贡献者，历年占比高达50.2%～57.4%，2010年全国化肥单施量达240kg/hm^2，2015年前逐年上升，尤其是我国重要粮食生产基地，施氮量普遍偏高（何文天，2017；Cui et al.，2013a）。如华北平原作为我国重要的粮食生产基地，据多年连续调查资料显示，50%的农田施氮量超过500kg/（hm^2·年），部分田块甚至超过700kg/（hm^2·年），远远超出了作物生长对氮素的需求（赵荣芳等，2009）。由于氮肥的过量施用，加之氮素当季利用率低，氮素损失量大，土壤氮素累积量和当季氮盈余量高，引发了土壤酸化、水体氮污染和温室效应等系列环境问题（Thangarajan et al.，2018；Ying et al.，2020）。除此，农田大量施氮引起土壤氨挥发、氮素硝化反硝化量增多，其中氨挥发、反硝化氮损失占总氮投入的16.0%和38.8%，不同土层的氮淋失占总氮输入的比例不同，浅层流失量较多（Li et al., 2015）；根据环境保护部2010年水质评估报告，硝酸盐浓度超过10mg/L与20mg/L的地下水样分别有64%与74%来自华北平原（杜新强等，2018），华北平原因地下水超采严重，灌溉水源日趋多样性（王仕琴等，2018），非常规水（咸水、微咸水、再生水等）农业利用会进一步增加，未来地下水氮污染可能面临更大风险。而据相关文献资料分析，氮肥减施不仅不会降低作物产量及氮素利用效率，还能降低氮素在土层中的累积，减轻土壤氮素盈余量，降低地下水氮污染风险（Tian et al., 2018）。农业部于2015年实施"一控两减三基本"目标（张番，2015），并于2020年顺利完成（农业农村部科技教育司，2021），但要保障粮食生产和农业绿色长效发展，化肥氮减量增效仍是实现农业农村绿色发展的重要举措（中央1号文件，2021—2023），减氮增效已成为研究与实践的热点与重点（黄倩楠等，2020），氮肥减施和精施也将是未来农业重要发展方向之一。

地下水浅埋区分布范围很广（Babajimopoulos et al., 2007），如干旱半干旱区域、华北平原黄河流域和灌区附近的农田等（Wang et al., 2022；Lai et al., 2022；Wang et al., 2009；Zhu et al., 2018），其常以潜水蒸发的形式补给土壤水分，与土壤水、植物水和大气水一道构成完整的田间土壤水分连续系统，以改善土壤水分状况，满足作物需水要求。地下水埋深较浅时有助于缩短玉米生育进程（孙仕军等，2020），增加叶面积指数（亢连强等，2007），影响作物干物质积累（孙仕军等，2018），对作物需水的贡献比额超过20%（Han et al., 2015；Luo et al., 2010），而地下水埋深过浅或过深都会影响作物的株高、粒重、茎粗和干物质量，从而影响产量（刘战东等，2014；刘战东等，2011）。不少研究证明，作物生长过程中，存在与作物各项生长指标、产量品质最佳时的最优地下水位（Zhang et al., 2019；张义强，2013）。然而，地下水埋深对作物生长的贡献率并不十分清楚，如陵县的地下水水位为1.5～2.0m，有利于小麦的产量提高，但其对提高产量的贡献大小未知。

土壤水分和养分始终是作物生长不可或缺的重要物质，水与肥相互联系，相互制约，相互促进，只有当水肥配合适当时，才能达到以水促肥，以肥调水的作用，从而提升土壤水分与养分利用率，达到增产增效的目的。当前国内外研究多集中于地面灌水与施肥对作物生长的水肥（水氮）耦合效应,其中对水量、灌水方式、水质及施肥方式、类型、施用量等方面做了大量深入研究。然而,地下水作为作物重要水源之一,地下水的埋藏深度显著影响土壤水分含量和直接作用作物的根系生长环境,而对地下水埋深与施氮组合条件下作物生长发育特性和土壤氮素分布特征等鲜有报道。因此,明确不同地下水埋深与施氮水氮互作对作物土壤生理特性、土壤氮素动态分布变化和植株生长发育的关系,探讨及剖析氮素过量施用引发的环境效应尤为必要。鉴于此,本试验在我国常规大田施肥量的基础上减少一定比例施氮量,结合地下水埋深处理,研究我国典型种植区地下水埋深与施氮互作对作物根层土壤理化特性、土壤氮素动态分布以及植株对氮素的吸收与利用、作物地下水补水耗水特性及作物产量结构的影响,探究作物—土壤氮素累积及损失的变量响应特性,剖析地下水埋深和减氮条件下粮食生产的响应机制,以期为农区优化施肥、面源污染防控及农业高产优质发展提供理论依据和实践参考。

1.2 国内外研究现状

1.2.1 地下水埋深与施氮组合对作物生长和产量的影响

1.2.1.1 施氮对作物生长和产量的影响

施用氮肥是提高作物产量的主要措施,在施氮量较低条件下,随施肥量增加作物籽粒产量、品质和氮肥利用效率均逐渐增加,但当施氮量超出一定阈值后,再增施氮肥,作物籽粒产量不再增加甚至降低(李莎莎等,2018;段文学等,2012;张邦喜等,2019)。赵俊晔等(2006)认为适量施氮(150~195kg/hm²)可提高小麦氮素积累量,增加籽粒产量和蛋白质含量,改善品质;谷利敏(2014)研究表明冬小麦的产量和干物质量随施氮量的增加而增加;李升东等(2012)发现适量的氮素能促进小麦根、茎、叶等营养器官的生长发育,增加植株绿叶面积,加强光合作用和营养物质积累,对提高分蘖成穗率和促进穗多、穗大、增加粒重具有重要作用;张邦喜等(2019)认为玉米在0~146.25kg/hm²施氮量下,籽粒产量随着施氮量提高而增加，施氮量超过146.25kg/hm²籽粒产量呈下降趋势；周加森等（2019）发现畦灌施氮240kg/hm²冬小麦干物质积累和产量均较优；SI et al.（2020）表明滴灌施氮超过240kg/hm²则不利于冬小麦生长和产量形成。施用氮肥能增加作物产量，而过量施用氮肥则可能因为供给养分不平衡、作物贪青徒长、土壤酸化等原因导致减产和作物氮素利用率降低，而减氮、适量氮素有利于提高作物穗粒数和千粒重，进而提高产量（Guo et al.，2010a；谷利敏2014；Zhang et al.，2018）。因此，氮肥减施、优施等成为农业科学研究和农业生产具体实践关注的重点。

1.2.1.2　地下水埋深对作物生长和产量的影响

地下水常以潜水蒸发的形式补给土壤水分，是地下水—土壤—植物—大气连续系统（Groundwater-Soil-Plant-Atmosphere Continuum，G-SPAC）中重要的组成部分，对作物生长发育、最终产量形成等具有重要作用。孙仕军等（2018，2020）通过设置不同地下水埋深试验发现，浅埋深地下水缩短了玉米生育进程而增加了叶面积指数，从而增加产量，生育期不同，茎、叶干物质积累量会随着地下水埋深呈现不同规律；Zhang et al.（2019）报道了沿海盐碱地小麦在孕穗期光合速率、产量与面粉品质最优时的地下水埋深为1.9m；Kahlown et al.（2005）研究表明1.5m埋深冬小麦籽粒产量最高；张义强（2013）发现地下水埋深为1.5m时，玉米株高、茎粗、抗倒伏性和千粒重等各项指标均大于其他各种地下水埋深处理；Han et al.（2015）通过对建立的Hydrus-1D和SWAT耦合模型进行数值模拟，认为地下水是阿克苏地区棉花生长的主要水源；刘战东等（2014）通过设置地下水埋深试验，发现埋深过浅、过深都会明显抑制植株叶面积指数与茎粗增长；地下水埋深对冬小麦和春玉米千粒重的影响较小，对冬小麦干物质重影响显著（刘战东等，2011）；亢连强等（2007）发现不同地下水埋深的低水和高水处理叶面积指数随地下水埋深增加而减小；Zhang et al.（2018）研究表明作物籽粒产量随地下水埋深达到最大值后趋于稳定，施肥对作物籽粒产量的影响小于地下水埋深影响。而针对浅地下水埋深条件下，土壤水分与施氮组合对作物生长、产量及其构成要素的影响研究较少。

1.2.2 地下水埋深与施氮组合对田间氮素流向的影响

氮肥施加土壤后，一般有3个去向，一部分被当季作物吸收利用，一部分残留在土壤中，剩余一部分则离开土壤—作物系统，通过氨挥发、硝化和反硝化、淋洗等途径损失到大气和地下水中（Chaney，1990）。谷利敏（2014）粗略估算发现作物当季氮素吸收利用一般占施氮量的30%~50%，氮素损失占20%~60%，土壤中残留25%~35%；吉艳芝等（2010）等研究发现施氮75~300kg/hm²，化肥氮在冬小麦当季作物吸收、土壤残留及损失量分别为37.2%~50.2%、26.7%~40.6%、17.4%~22.2%，且随着施氮量的增加而升高。因此，施氮量显著影响作物吸收利用，除显著影响气态氮损失和土体氮残留外，还与水体中氮素含量密切相关。Zhang et al.（2015）等研究发现过量施用氮肥是氮素以硝态氮（NO_3^--N）形式损失的主要原因，而随着氮肥用量的不断增加，随后地下水中NO_3^--N积累也会加剧；Zhou et al.（2016）研究表明华北地区人工化肥的过度施用和地下水位下降是造成土壤包气带氮素大量累积的重要原因。不难发现，在常年大量累积施氮后，土壤残留了大量氮素，受外界条件影响，氮素以气液两相排入空中或进入水体（地表水、地下水）中，引发环境问题，然而，浅地下水埋深和施氮的直接组合作用下，土壤—作物系统氮的当季利用累积如何，当前研究较少。

1.2.3 地下水埋深与施氮组合对作物干物质形成、氮素积累与转运的影响

1.2.3.1 地下水埋深与施氮组合条件下作物干物质量的积累与转运

作物干物质积累是作物产量的重要影响因素，其生长期内受施氮和地下水埋深影响。龙素霞等（2018）发现，在中等供氮水平（225kg/hm²）配以适宜磷钾肥供应，不仅有利于改善植株的养分吸收、干物质积累和产量形成，而且还能促进养分生产籽粒的能力和施用肥料养分利用效率的提升；一定范围内增施氮肥有效减缓作物的衰老速率，进而延长作物干物质积累时间，能通过增施氮肥来促进作物干物质转运量（曹胜彪等，2012；Liu et al.，2014）。但当施氮量超出一定范围后，则不利于干物质转移，如马

东辉等（2007）发现施氮量达到300kg/hm²时则不利于干物质转移。因此，适量增加施氮量促进了小麦起身期至成熟期干物质积累以及开花期、成熟期干物质在叶片、茎鞘、穗（穗轴和颖壳以及籽粒）的分配，同时增施氮肥促进起身期、成熟期小麦干物质积累量，但对越冬前干物质积累量无显著影响，在作物各器官干物质分配量及比例以及干物质向籽粒的分配量在高低施氮量间表现有所差异（崔正勇等，2018；叶优良等，2012）。

干物质积累是作物产量形成的物质基础，对作物产量的贡献较大。地下水通过对土壤水分的补给调控作用从而影响作物的根系生长，进而影响根冠关系和冠层光合作用，导致干物质积累量不同（崔亮等，2015）。孙仕军等（2020）通过设置不同地下水埋深发现在拔节期和灌浆成熟期，茎、叶干物质量随地下水埋深增加先降后增，2.0m埋深下最低，而在灌浆成熟期，2.5m下穗部干物质积累量最低，在抽雄吐丝期后茎、叶干物质量仅1.0m、3.5m和4.0m埋深下呈增加趋势。但地下水埋深与施氮组合对作物干物质积累与转运影响如何，相关研究较少。

1.2.3.2　地下水埋深与施氮组合条件下作物氮素的积累与转运

水氮是影响作物生长的两大主要因素，水与氮协同作用促进了作物氮素积累与转运。土壤水分含量不同与高低施氮量均会影响作物营养器官和籽粒中氮素的积累量。减氮条件下，土壤适宜含水量显著提高了营养器官和籽粒中氮素的积累量，而高氮量下土壤高含水量增加了氮素在成熟期营养器官中的残留，不利于向籽粒转运，籽粒中氮素积累量亦减少（段文学等，2012；张嫚等，2017）。施氮量增加能显著促进各营养器官氮素积累量、地上部部分营养器官氮素分配比例，但增施氮肥会延缓氮素向生殖器官的转移，过量施用则会降低作物氮素积累量，各时期作物植株氮素积累量也不再显著增加（段文学等，2012）；一定的施氮范围内，各生育期作物植株的吸氮量随施氮量增加而增加（霍中洋等，2004；赵新春等，2010）；朱新开等（2005）研究表明小麦吸氮量随生育进程推进呈上升趋势，小麦在不同阶段吸氮比例高低不同，以小麦拔节至开花期吸氮比例最大；赵胜利等（2016）认为玉米氮素的吸收累积主要集中在籽粒部分，一方面是由于玉米籽粒中的氮含量比玉米茎叶和根中的含量高，另一方面籽粒生物量较大；胡语妍等（2018）报道了春小麦氮素转运量和贡献率从大到小的器官依次为茎鞘、叶片和颖轴，水分和施氮量的增加有助于氮素的转运。花后营养器官积累氮素向籽粒的转移量、转移率以及对籽粒的贡献率在不同灌溉水平随施氮量的增加变化不一。在干旱和适度灌溉下，增施氮肥能显著提升小麦营养器官花前贮存氮素再转运能力、花前贮存氮素总运转量和总运转率以及花前氮素对籽粒总氮贡献率，从而增加了籽粒氮积累量和籽粒产量，而渍水条件下增施氮肥变化趋势相反（范雪梅等，2004）。因此，在适宜土壤含水率条件下，减少施氮量可能在一定程度上降低了小麦的籽粒产量，但显著提高了氮素吸收效率和氮肥生产效率（马耕等，2015）。谷利敏（2014）研究表明在亏缺灌溉和施氮量之间存在互作效应，亏缺灌溉降低了植株氮素积累量和向籽粒中分配的氮素量及比例，影响了高施氮量对籽粒氮素积累的促进作用，尽管亏缺灌溉降低了植株的吸氮量，但促进了氮素从营养器官向籽粒转移。地下水进入土壤，转化为土壤水的强度受外界环境与作物生长发育等的影响，一次性补充量少但持续时间长，不同的地下水埋深可能会产生不同的干旱胁迫和渍害威胁，造成土壤水分亏缺或过量。因此，地下水补水会不会产生类似于亏缺灌溉效应抑或渍害危害等，而多大的地下水埋深会产生此类效应，其干旱胁迫或渍害威胁程度如何，地下水埋深与施氮量组合会不会存在相关互作效应，相关研究较少。

1.2.4　地下水埋深与施氮组合对土壤氮素损失的影响

1.2.4.1　土壤纵向剖面氮分布

氮肥在土壤中的迁移转运是一系列复杂的物理—化学—生物过程，铵态氮和硝态氮作为土壤中存在的两种易被作物直接吸收利用的矿质态氮，在土壤剖面上的分布受作物生长、降水灌溉、施肥制度、气象条件、土壤性质及田间管理措施等诸多因素影响。蒋会利等（2010）、刘凯等（2020）研究发现根系对氮素的吸收能力随作物生育期递进有所增强，但硝态氮带负电，不易被土壤吸附，迁移流动性较大，在表层土壤中变化显著；而铵态氮带正电，与土壤特性相关，易于被土壤胶体吸附，通常在土壤耕层剖面上的分布自上而下逐渐减少，以表层土中含量最高，深层土中趋于稳定，也有研究表明无机氮在径向和垂向流动上存在差异（陈效民等，2006；侯朋福等，2023）。

施氮显著影响硝态氮和铵态氮在土壤剖面上的分布，施氮量增加会引起硝态氮深层累积，硝态氮淋洗损失增加（Guo et al.，2010b）。蒋会利等（2010）研究表明，在低施氮水平下（0～207kg/hm²），增施氮肥不会导致土壤中硝态氮积累量显著增加，当施氮量高于207kg/hm²后，土壤中硝态氮的积累量随施氮量增加而明显增加；同样，Cui et al.（2006）研究表明，当施氮增加到369kg/hm²时，并没有显著提高小麦籽粒产量，而硝态氮在0～90cm土层的残留量达到了227kg/hm²。铵态氮因其带正电，移动性较差，施氮量增加会引起表层铵态氮积累，从而增大氨挥发（张琳等，2015）；张嫚等（2017）研究表明0～60cm土层硝态氮含量的分布随土层加深而减少，随施氮量增加而上升，随土壤墒情的增大而减小，足量灌水会导致硝态氮向深层土壤（80～100cm）淋溶。

硝态氮在土壤中的累积，容易受外界降雨灌溉等条件发生淋洗，但农学家与环境学家对硝态氮的淋洗定义不同。可能基于养分利用考虑，一些农学家研究认为，硝态氮淋洗且可能造成污染是指硝态氮超出作物主要根系层，而环境学家可能基于环境污染角度考虑，淋洗是指硝酸盐运移至地下水中而引起污染。因此，有研究指出（谷利敏，2014；Basso et al.，2005），因在播种期灌溉后，作物需水量较少、蒸发蒸腾量低并且灌溉量高导致土壤含水量过高，受此影响硝态氮淋洗损失主要发生在播种灌溉后，生育期不同，硝态氮的淋洗运移路径差异较大，播种到拔节期，可淋洗至200cm处，而从开花期到灌浆期，表层硝态氮可淋移至100cm处。同时，土壤硝态氮受区域特性影响，华北地区地下水硝态氮积累量大除受硝化反硝化等迁移转化机理影响外，还有其独特的硝酸盐累积特征：华北地区地下水位的下降形成了较厚的包气带，缺少碳源和不利于形成厌氧环境而抑制反硝化进程，厚包气带聚集了大量的硝酸盐，硝酸盐经强降雨淋洗后进入地下水（Zhou et al.，2016）。但大量施用的化肥是否已经进入地下水，或在渗透性好的地区硝酸盐是否会通过优先通道进入含水层，仍然是目前研究争议的焦点（王仕琴等，2018）。因此，在降雨与灌溉条件下，施氮越高硝态氮淋洗风险越高，总体上水分对硝态氮的触发是一个自上而下的过程；相较而言，地下水埋深较浅条件下，进行少量或不灌水，水分对硝态氮的触发可能是一个自下而上与自上而下循环往复的过程，其变化过程可能更加复杂，值得深入研究。

1.2.4.2 土壤氮素盈余

农业系统氮素平衡考虑了系统氮的输入项和输出项，按照物质流分析原理，常以某一段时间内农田氮素的收支差来表示，即养分的"输入=输出+盈余"，进行输入、输出和盈余养分流的计算，可用于衡量农田系统养分平衡，系统梳理农田氮素的获取和损失路径，有利于优化施氮、降低环境风险和提升农业生产潜能（巨晓棠等，2017）。例如，在华北地区夏玉米—冬小麦轮作区，农民为获得高产而投入大量化学氮肥，年施氮量平均高达545kg/hm²，化肥氮占比81%，是这一地区农田氮素的主要来源，当前轮作区农田氮素总量投入过高，氮素处于盈余状态（盈余量为86kg/hm²），其盈余量与施氮量显著相关（赵荣芳等，2009；何文天，2017）；王激清等（2007）结合国外关于养分平衡的主要模型，建立了中国农田生态系统氮素平衡模型，发现单位面积耕地氮肥投入量和氮养分盈余量呈极显著线性关系，华北土壤中单位面积耕地盈余态氮养分负荷较高；郭曾辉等（2021）研究表明限水减氮能显著增加冬小麦植株和籽粒氮素含量，提升产量和氮素携出量，减少硝态氮淋失，降低氮素盈余量，维持氮素平衡；在充足水分条件下，施肥能够有效地提高土壤氮素转化能力，但尿素处理的氮素损失量大。除此以外，选定有效的氮素吸收层，利用氮平衡模型研究氮素盈余状况，对科学指导灌溉施肥意义重大，如张文英等（1994）、谷利敏（2014）认为小麦的根系可以下扎到2.0m以下土层，选定1.8m土层利用氮投入与氮投出之差来表征试验时段内氮素盈亏状况，对评价土壤—作物系统氮素平衡具有实际意义。但地下水以及地下水埋深与氮肥组合在氮素平衡过程中有无作用，且贡献如何，相关研究较少。

1.2.5 地下水埋深与施氮组合对作物水氮利用效率的影响

1.2.5.1 地下水埋深与施氮组合条件下作物生育期地下水的补给变化规律

地下水对土壤—作物系统的一次性补充量较小，且易受外界环境条件影响，但持续时间长，地下水埋深对土壤水分含量、作物生长发育有着显著影响。巴比江等（2004a）将冬麦田累计地下水补给量变化规律划分为稳定增长期、缓慢增长期、快速增长期和趋于稳定期4个阶段，发现在垂向剖面上，地下水埋深浅的除消耗土壤水分外还消耗地下水，土壤含水率下降主要表现在耕层，下层土壤水分因有地下水毛管上升补充减少不多，且地下水埋深超过3.0m，已不能向1.0m以上土层补充水分，主要消耗土壤原有水分，1m以内整个土层土壤含水率都显著下降；Xu et al.（2015）对河套灌区玉米耗水规律进行研究，发现抽穗期地下水（埋深1.0m）补水速率为3.0~3.5mm/d，甚至会超过4mm/d（Babajimopoulos et al.，2007；Xu et al.，2013）；刘战东等（2014）研究表明地下水埋深对土壤水分分布有较大影响，地下水埋深越大，地下水向上运动至根区的路径越长，地下水对土壤水的补给量越少，地下水位埋深与0~80cm土层全生育期包气带土层平均土壤含水量呈二次曲线关系，夏玉米各生育阶段地下水位埋深和夏玉米耗水量呈线性负相关；孙仕军等（2018）、Huo et al.（2012a）研究表明浅地下水埋深处理玉米耗水量主要来源于地下水补给，当地下水埋深1.0m时玉米耗水量93.39%来源于地下水补给。施氮改变了作物生长和产量形成，同样影响作物—土壤系统水分消耗，因此，在不同施氮水平下，不同地下水埋深又会如何影响土壤水分运移、分布和地下水水分消耗，补水规律是否会受施氮作用，施氮和地下水埋深的作用关系如何，相关研究较少。

1.2.5.2 地下水埋深与施氮组合下水分传输系统中的水量平衡

地下水是G-SPAC水分传输系统中的重要组成部分，其通过影响作物根系层土壤含水量而影响作物生长发育（宫兆宁等，2006）。常以测坑试验人工计量，利用水量平衡公式计算作物实际耗水量，即ET=P+I+G-D±ΔW，以研究地下水补水特性。巴比江等（2004a，2004b）研究表明在春玉米整个生育期地下水位分别为0.5~2.0m时，累计地下水补给量分别为40.9~19.6mm，冬小麦则分别为66.3~16.1mm，均依次递减，而地下水位2.5m和3.0m时春玉米和冬小麦全生育期均无地下水补给；Fidantemiz et al.（2019）研究表明地下水埋深0.3~0.9m时大豆地下水消耗占总耗水量的89%~72%；Kahlown et al.（2005）发现地下水埋深0.5m冬小麦和向日葵地下水消耗量占总耗水量分别超过90%和80%，而甘蔗、甜菜和高粱则无法存活；Mueller et al.（2005）研究发现温带地区冬小麦最优地下水为120～140cm，地下水消耗量为20～250mm，比大多数作物耗水量少（仅比春小麦高）；孙仕军等（2018）研究表明随着地下水埋深增加，灌水量、灌水量与耗水量的比值均呈显著递增趋势，地下水埋深1.5m、2.0m、2.5m和3.0m下的地下水补给量和耗水量较埋深1.0m的值减少幅度分别为225.1～470.5mm和25.7～157mm。作物地下水消耗量、耗水比例等明显受地下水埋藏深度影响，但结合不同施氮水平，探讨施氮对作物－土壤的地下水耗水量、耗水比例等的影响相关研究较少。

1.2.5.3　地下水埋深与施氮组合下作物水氮利用效率

作物水氮利用效率是反映作物水氮利用的重要指标，适宜土壤含水量可提高籽粒产量和水分利用率，而过度灌溉使得作物的水氮利用率和产量显著降低，适宜土壤含水量条件下增施氮肥更能改善作物对水分和养分的吸收利用，表现出明显的水肥互作效应（张嫚等，2017）。张福锁等（2008）统计了中国1 333个不同地区田间试验的主要谷类作物的氮素利用率，表明小麦的氮素利用率为28.2%左右，华北地区夏玉米—冬小麦轮作区施肥量大，冬小麦农民习惯施氮量300kg/hm^2，而氮肥利用率只有20%左右（Zhao et al.，2006；崔振岭等，2008），当前氮肥利用率虽有所提升，但仍较低，仅30%～40%，低于世界平均水平（朱兆良等，2013；王海琪等，2022；李浩然等，2022），且肥料农学效率明显下降，由2002年的9.0kg/kg逐渐降低至2010年后的6.3～6.7kg/kg（贾可等，2020）。针对水分、施氮对作物水氮利用效率，谷利敏（2014）认为施氮量显著影响作物水分利用效率，施氮量越高则作物水分利用效率越大，而随着施氮量的增加和灌溉量的减少，氮素利用效率降低；张永丽等（2008）研究表明不灌溉处理的作物氮素吸收效率、吸氮量和产量低于其他灌溉处理，但不灌溉处理的氮素利用率较高；Sun et al.（2010）认为过多灌水会导致籽粒产量和水分利用效率显著降低，在有限灌溉条件下高氮投入并不利于产量和水分利用效率的提高；Badr et al.（2012）研究表明增施氮肥提升了水分利用效率，但其增加效率随着灌溉水量的增加而下降；在亏缺和适量灌溉条件下，小麦的水分利用效率随施氮量的增加而增加，但充分灌溉水平下，氮肥用量增加到一定程度时，水分利用效率不再变化（王艳哲等，2013）；张嫚等（2017）发现减氮适墒有利于提高作物水氮利用效率，减氮条件下氮素吸收效率比高氮处理提高了0.50kg/kg、氮肥生产效率增加了9.29%，水分利用效率达28.66kg/（hm²·mm）。

地下水埋深对作物的水分利用效率影响较大，其主要通过作物吸水和生长环境之间的平衡来实现（Zhang et al.，2018）。地下水埋深过浅，根区土壤水分含量高，造成作物根系区低氧或厌氧环境（Najeeb et al.，2015；Deng et al.，2021），作物遭受渍害（Zhang et al.，2018），产生的厌氧环境限制作物根系生长和存活，急剧改变土壤中的碳氮形态，降低有机质分解速率，致使土壤有机质积累，影响氮素矿化、作物氮素吸收和触发相关化学反应，加速土壤营养元素流失（Deng et al.，2021；Ma et al.，2017；Langan et al.，2022；Barrett-lennard et al.，2013；Li et al.，2021b），进而影响作物生长和产量形成；地下水埋深过深，根系层土壤含水量显著降低（Zhang et al.，2019），作物遭受水分胁迫（Han et al.，2015；Xu et al.，2013；Liu et al.，2017），同样不利于作物生长。Gao et al.（2018）研究表明地下水埋深1.0~1.5m地下水消耗对作物蒸发蒸腾量贡献份额达65%，埋深为2.5~3.0m和3.0~4.5m时，灌水量为100~300mm时，水分利用效率（Water use efficiency，WUE）分别为2.02kg/m³和1.98kg/m³；灌溉降雨会降低地下水蒸发速率（Wang et al.，2016；Yang et al.，2000），浅地下水埋深（1.1~2.7m埋深）亏缺灌溉产量未显著降低（Gao et al.，2017a），而充分灌溉地下水埋深和矿化度的增加会降低地下水贡献、种子油产量和水分利用效率（0.6~1.1m埋深）（Ghamarnia et al.，2015）。巴比江等（2004a，2004b）研究表明春玉米水分利用效率随地下水埋深深度呈先增加后减小变化趋势，地下水埋深1.0m时最大，冬小麦在地下水埋深1.0m时水分利用效率为32.6kg/（hm²·mm）最高，而地下水埋深越大水分利用率越低，灌水最多的处理水分利用效率反而最低；刘战东等（2014）研究表明地下水埋深$H=0.5$m时，春玉米产量最高（8 262.0kg/hm²），而水分利用效率最低（0.97kg/mm），而当$H=1.5$m时，春玉米水分利用效率最高（1.44kg/mm），产量（7 221.0kg/hm²）低于最高产量；LUO et al.（2010）等发现夏玉米水分利用率随地下水埋深增大而增大，试验中地下水埋深1.2m时，夏玉米水分利用率最高，而当地下水埋深在0.2m时的水分利用率最低，仅为0.97kg/mm。地下水和施氮均明显作用作物水氮利用，但地下水埋深和施氮相结合下，作物的水氮利用效率又该如何变化，相关研究较少。

1.2.6 地下水埋深与施氮组合对土壤理化特性和土壤微生物多样性的影响

1.2.6.1 对土壤理化性状的影响

施氮增加了土壤养分，灌溉等措施增加了土壤水分。适量施氮有助于提高土壤有机氮矿化能力，而过量施氮反而抑制氮矿化（李浩然等，2022；Loiseau et al.，2000；张璐等，2009）。土壤硝态氮是旱作农田作物吸收的主要无机氮，增施氮肥明显促进其在土壤剖面的分布与累积（Basso et al.，2005；盖霞普等，2018）。Malhi et al.（2010）研究表明施氮降低了表土pH值，造成了土壤酸化和板结；孔德杰等（2022）通过9年施肥试验后发现土壤pH值和水分含量下降，而Zhong et al.（2015）认为施氮对表土pH值没有显著影响，这可能与外界农业措施有关。施氮影响总氮和有机质含量，安志超等（2017）研究表明增施氮肥增强了0～30cm土壤有机质和全氮含量；而郑昭佩等（2002）研究表明适量施用氮肥能够提高土壤中的有机质含量，但是过量施用氮肥则会降低土壤中有机质含量；宋永林等（2002）发现长期使用化肥可以增加土壤有机质含量，特别是在土壤肥力水平较低的情况下施用氮、磷、钾肥能够显著提高粮食产量，并较大幅度提高土壤有机质含量。浅层地下水对土壤理化性状的影响与水位高低有关，赵西梅等（2017）发现土壤相对含水量与浅地下水埋深呈负相关，1.2m埋深各土层含盐量均最高，而明广辉等（2018）监测发现土壤累积含盐量与地下水埋深呈负的指数关系；Zhang et al.（2018）研究表明土壤含水量、pH值随着地下水埋深增加而减小，地下水埋深0.5～0.6m时土壤有机质、养分含量较低，总氮、速效磷随着施肥水平的增加而增加，速效钾呈现相反趋势。浅层地下水和施氮显著影响土壤养分含量和环境状况，而综合地下水埋深和施氮两因素，其是否会影响土壤养分含量，相关作用效应如何，当前研究较少。

1.2.6.2 地下水埋深与施氮组合下土壤酶学活性和微生物学特性变化

（1）土壤酶活性。土壤酶是土壤生态圈的物质循环和能量流动等过程中最活跃的因子，其活性可反映土壤微生物活性高低，表征土壤养分转化和运移能力的强弱，是评价土壤肥力的重要参数（刘善江等，2011；Delapaz et al.，2002）。施氮显著影响土壤酶活性，但高量施氮并不一定能取得较好的激活效果。白岚方等（2022）研究表明增施氮肥有效促进蔗糖酶、碱性磷酸酶和脲酶酶活性，施氮量240kg/hm²酶活性最高；夏雪等（2011）研究同样发现施氮60kg/hm²和120kg/hm²对蔗糖酶和脲酶活性有提升作用，而施氮120kg/hm²和180kg/hm²可增加碱性磷酸酶活性，其中施氮量120kg/hm²各种酶活性最高；谢英荷等（2013）研究表明土壤脲酶活性在0～195kg/hm²施氮范围内随施氮水平的提高而提高，但过氧化氢酶和碱性磷酸酶活性在不同施氮量之间差异不明显；焦亚鹏等（2020）研究表明施氮0～105kg/hm²有利于提升春小麦土壤脲酶、蛋白酶活性，而0～20cm土层亚硝酸还原酶和硝酸还原酶活性分别在52.2kg/hm²和157.5kg/hm²施氮下活性最高；Rutkowski et al.（2022）监测樱桃果园林土壤发现，施氮不足60kg/hm²，土壤脱氢酶活性随施氮量增加呈上升趋势，而施氮量增至120kg/hm²后酶活性反而下降；Marinari et al.（2022）研究表明施加有机肥改善了特异酶活性的强度，是改善土壤健康的关键因素，认为与无机肥料结合使用可能是改善农业生态系统可持续性的一种环境友好做法；Grandy et al.（2013）研究施氮对免耕土壤中凋零物的分解作用，发现施氮增加了凋落物中β-D-纤维素生物水解酶和β-1，4-葡萄糖苷酶活性，但对土壤酶没有影响。浅层地下水作为作物生长的主要水源之一，显著影响土壤理化性状（Zhang et al.，2018），但在浅地下水埋深下，施氮是否会对土壤酶活性产生影响，不同的地下水埋深与施氮量的组合又会如何作用土壤酶活性，当前研究较少。

（2）土壤微生物。土壤水氮含量与土壤透气性和养分含量密切相关，进而作用土壤微生物活性。Zhou et al.（2017）基于Meta分析对454个不同生态区氮肥试验分析发现，增施氮肥降低了土壤微生物量C/N比和真菌/细菌比，而年均氮输入量小于100kg/hm²，有利于土壤微生物生长；Li et al.（2020b）研究表明施氮降低了细菌α多样性，但增加了细菌丰度，且显著提高了细菌的反硝化、硝酸盐同化还原和有机氮代谢作用；有机肥含有大量有机质，能通过为土壤微生物提供丰富的碳氮源而显著提高微生物群落多样性和活性，而单施氮肥降低了土壤细菌和放线菌数量（孙瑞莲等，2004）。适宜施氮能增强土壤微生活性，而过量施氮会影响土壤有机碳、氮的组成与数量，造成土壤板结，影响土壤的通透性和气孔度，不利于根际土壤微生物的呼吸和酶活性的稳定，影响微生物的生长和繁殖（Sarula et al.，2022）。王顶等（2022）研究发现施氮对微生物代谢活性的影响受施氮量调控，当施氮量0～250kg/hm²土壤微生物代谢活性随施氮增加而增加，但施氮量从250kg/hm²增加到375kg/hm²后，土壤微生物Simpson和Shannon指数以及微生物代谢活性均降低；Berg et al.（2009），熊淑萍等（2012）研究表明适宜水分状况和施氮可提高根际微生物群落的丰度和功能多样性，而过量的灌溉和施氮有可能抑制微生物数量增长；Sarula et al.（2022）发现灌水量为2 000m³/hm²时，细菌和真菌的相对丰度随施氮量的降低而稳定，而灌水量为2 000m³/hm²，施氮量为210kg/hm²时，与氮循环相关的固氮菌相对丰度有所增加；李明辉等（2022）研究表明小麦季与水稻季施氮水平分别为100kg/hm²和180kg/hm²时，土壤微生物群落相对丰度在多个生长阶段较高。浅层地下水存在很多区域，是作物生长的重要水分来源，而在浅层地下水作用条件下，施氮是否影响土壤微生物群落结构和功能，施氮量与土壤微生物菌群有无响应关系，当前研究较少。

1.3　科学问题提出

综上所述，施氮是作物生长不可或缺的重要营养元素，粮食的增产极大得益于氮肥投入。一定范围内合理施氮有助于作物生长，能显著提升作物物质积累、转运和再分配过程以及水氮利用效率，缓解农业用水压力。然而，为了追求高产，我国农田氮素过量投入现象普遍。农田过量施氮致使作物贪青晚熟，引发作物病虫害、倒伏等，导致作物减产，前期投入量大，回报效益低；除此，过量施氮还易引发系列环境问题，如温室气体排放、土壤酸化、地下水含氮量超标等。因此，适宜施氮量及其结构优化仍然是农业生产和生态环境保护的重要举措。浅层地下水作为作物生长的重要水源，水位高低明显影响包气带土壤环境，影响土壤理化性状、功能结构、物质反应和微生物特性，从而作用作物根系生长环境，进而影响作物生长、物质积累和产量形成。包气带厚度决定了物质运移路径的长短距离，尤其是对包气带氮素运移和地下水硝酸盐污染作用显著，而浅地下水埋深对作物品质、物质转运和分配方面，研究十分不足。更为重要的是，针对不同地下水埋深下作物生理生长、产量形成和土壤氮素赋存情形等虽也进行了大量研究，然而施氮作为农田氮素的主要来源，在地下水浅埋深区如何制定氮肥最优管理制度，不同地下水埋深和不同施氮量组合的"水氮耦合"效应如何，地下水埋深和施氮组合对作物生长、产量形成等相关研究不足。因此，在地下水浅埋深区进行氮肥的优施研究十分必要，有助于农业高产优质发展和农业生态环境保护。

1.4 研究目标和内容

1.4.1 研究目标

本文基于Lysimeter系统控制地下水埋深并种植冬小麦，研究地下水埋深和施氮组合对作物—土壤系统作物生长、水氮利用、氮素积累和转化的作用机制，主要目标包括以下4个方面：①阐明冬小麦关键生育期物质积累、地下水蒸散和水分利用效率对地下水埋深和施氮的响应特征；②构建氮素表观方程，揭示作物—土壤系统氮素含量、转运和分配的演变特性，核算氮素利用及其生产能力；③探究施氮和地下水埋深水氮生产力组合效应，获取最优地下水埋深和最佳施氮量，为农业生产提供理论技术参考；④构建水土界面（GS界面）理论，剖析界面土壤微生物特性，评估地下水埋深与施氮水氮组合作用下的作物生产环境效应，为生态环境防护提供参考。

1.4.2 研究内容

（1）地下水埋深和施氮组合对冬小麦生长、品质、地下水耗水特征和水分利用的影响。选取冬小麦关键生育期，研究作物生长指标（株高、叶面积指数）、产量和品质（淀粉、蛋白质、粗脂肪和灰分）特征，明确施氮和地下水埋深对冬小麦生长、产量和品质形成的作用机制；以日尺度、生育期尺度剖析土壤—作物系统的地下水蒸散规律，明确地下水埋深和施氮对冬小麦地下水消耗的调控机制；研究不同施氮和地下水埋深组合冬小麦蒸发蒸腾量和水分生产力的差异，剖析冬小麦产量、水分利用效率与冬小麦生长指标、水分消耗指标和品质指标间的关系，阐明冬小麦产量形成的相关机制，获取最佳地下水埋深和最佳施氮量。

（2）地下水埋深和施氮组合对冬小麦花前花后物质积累、转运、分配和利用的影响。选取冬小麦开花期和成熟期两个关键生育期，研究冬小麦器官物质（干物质量、氮素）积累量（开花期为茎鞘、叶和穗，成熟期为茎鞘、叶、颖壳+穗轴和籽粒）、小麦花前花后物质转运和分配的地下水埋深施氮响应特性，分析冬小麦物质积累、转运、分配和氮素利用之间的关系，明确施氮和地下水埋深的冬小麦氮素利用效率机制效应。

（3）施氮对地下水埋深下包气带土壤理化特性及氮素分布的作用机制。选取冬小麦成熟期，研究不同地下水埋深下，包气带土壤理化特性（土壤含水量、土壤pH值、EC、总磷和土壤酶活性）、土壤矿质氮、全氮在不同厚度包气带剖面的分布特征，横向剖析施氮的作用效应；以包气带为"黑箱"，构建农田表观氮损失方程，并分析土壤矿质氮、全氮和地上部分氮素含量的关系，明确施氮后的氮素表观盈余量和阐明土壤氮素分布相关机制。

（4）施氮对不同地下水埋深水土界面（GS界面）土壤微生物特性和水通量作用效应。系统梳理和总结水土界面［Grondwater-Soil（GS）interface］现有研究，构建GS界面理论；重点剖析水土界面土壤环境条件和土壤微生物特性，明晰水土界面土壤微生物演变机制。

1.5　研究思路与技术路线

本文基于G-SPAC水分传输系统理论和农田总氮平衡方程，利用Lysimeter设施种植冬小麦和控制地下水位，探讨地下水埋深和施氮对冬小麦水氮利用和土壤微生物特性的作用效应，通过室内外试验，研究冬小麦生长特性、产量与品质、地下水蒸散特征、水氮利用效率、花前花后物质积累与转运、土壤氮素分布以及水土界面土壤微生物特性的差异，明确地下水埋深下不同施氮对作物生产力、氮素利用效率及环境效应等的综合影响及其相关机制，进而为地下水浅埋深区优化施氮、农业高产优质发展和农业生态环境防护提供理论和技术参考。研究技术路线见图1-1。

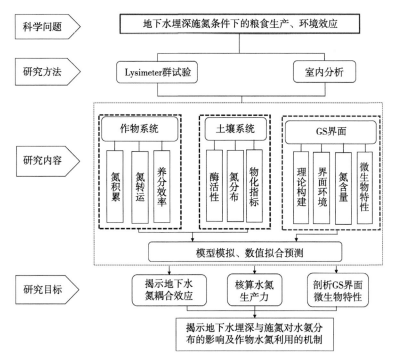

图1-1　技术路线

2 材料与方法

2.1 试验地基本情况

试验地位于中国农业科学院河南新乡农业水土环境野外科学观测试验站（北纬35°27′，东经113°53′），海拔73.2m，属暖温带大陆性季风气候。试验地多年平均气温14.1℃，无霜期210d，日照时间2 398.8h，多年平均降水量588.8mm，6—9月降水量最多，占全年降水量的72%，且多暴雨，多年平均潜在蒸发量2 000mm。太阳辐射、累积太阳辐射、湿度、露点温度、大气压、大气温度、风速和最大风速等气象数据从试验站气象站获取，气象条件见图2-1。

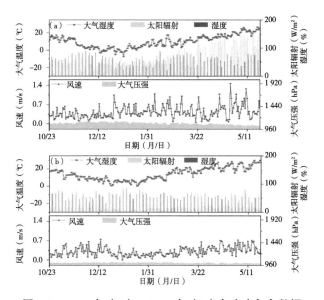

图2-1　2020年（a）、2021年（b）冬小麦气象数据

2.2 试验设计

试验设地下水埋深和施氮两因素处理。以冬小麦主要根系层为基础，包气带厚度模拟主根系层（0～0.6m）、较深包气带（0.6～0.8m）以及深层包气带（1.4～1.6m）（Xin et al.，2019；Liu et al.，2015；Liu et al.，2011），设计地下水埋深水平分别为0.6m、0.9m、1.2m和1.5m 4水平，记作G1、G2、G3和G4；施氮处理设不施氮处理，我国常见传统施氮量300kg/hm² （折纯）（Cui et al.，2018；张亦涛，2018；Zhou et al.，2016），分别减量20%、50%，即施氮量分别为0kg/hm²、300kg/hm²、240kg/hm²和150kg/hm² 4水平，折算到测桶（Lysimeter，lys.），施氮量（NF）分别为0g/lys.、3.77g/lys.、3.01g/lys.和1.88g/lys.，施氮量（NF）从低到高依次记作NF0、NF150、NF240和NF300。试验采用完全随机区组设计，共计16个组合处理，每处理重复3次，随机组合处理详见表2-1。为避免强降雨等极端天气干扰，整个试验在防雨棚下进行。

表2-1　试验处理设计

施氮量	地下水埋深（WTD）			
	0.6m（G1）	0.9m（G2）	1.2m（G3）	1.5m（G4）
不施氮（NF0）	NF0G1	NF0G2	NF0G3	NF0G4
常规施氮（NF300）	NF300G1	NF300G2	NF300G3	NF300G4
减氮20%（NF240）	NF240G1	NF240G2	NF240G3	NF240G4
减氮50%（NF150）	NF150G1	NF150G2	NF150G3	NF150G4

2.3 供试材料

2.3.1 试验装置

试验采用自主研制的一套种植冬小麦测桶装置（Lysimeter），该装置由测桶桶身、地下水位控制系统及土壤溶液提取系统3个部分构成，桶身为外径40cm圆柱状，壁厚0.5cm，桶高依据地下水控水深度实际确定；在控水深度基础上，测桶边壁略高于土面5cm，具体尺寸见图2-2。地下水供水系统采用马氏瓶进行自动供水并控制地下水位，桶底内部设有反渗滤层，测桶内部在不同土层（20cm一层）埋有土壤水分在线监测系统（山东仁科测控技术有限公司，RS-WS-I20-TR，采集频率1h），用于观测土壤水分和指导灌水；土壤溶液提取系统主要由预埋陶土头（长2.8cm，外径7.5mm，延长管40cm）和真空泵（杭州鹏博轴承有限公司，FY-1C-N）组成，陶土头外加真空泵施以负压抽取土壤溶液。在15cm、35cm、55cm、65cm、75cm、85cm、95cm、105cm、115cm、125cm、135cm、145cm、155cm和165cm设有预留孔，以为成熟期取土使用，孔径1～2cm，每层留出2～4孔，试验过程中用橡皮塞进行封堵，取土样时打开。测桶底部设有排水管，以排出桶内多余水分、收集地下水及在试验开展前对测桶进行静置处理使用。冬小麦生长期间，记录小麦生长发育状况和监测作物病虫害情况；提前关注天气预报，对极端大风、寒流等短时强对流天气进行防控；定期检查Lysimeter装置，确保装置正常运行。

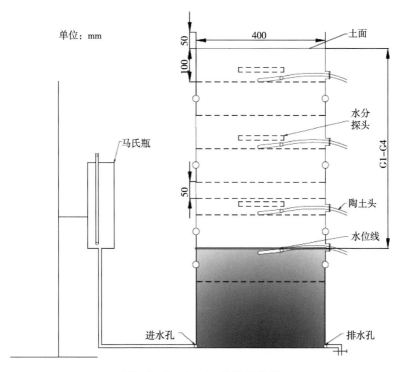

图2-2 Lysimeter结构示意图

2.3.2 供试土壤

供试土壤取自当地农田用地，以0～20cm、20～40cm、40～60cm和60cm以下分层取土，将同层土壤混合均匀，分开装取，将取回的土壤分块置于塑料布上，均匀平铺，进行自然风干、粉碎、过筛（5mm）处理，供试土壤见图2-3。取风干土壤进行基础理化性状测定，土壤机械组成采用马尔文激光粒度分析仪进行测定；总氮、总磷采用半微量开氏法和碱熔-钼锑抗分光光度法测定；土壤电导率采用电导法测定（水土比为5:1）；速效磷采用浸提-钼锑抗比色法测定；速效钾采用醋酸铵浸提-火焰光度计法测定；碱解氮采用氮扩散法测定，具体理化性状见表2-2。

表2-2　土壤基础理化指标

土层（cm）	电导率（μS/cm）	碱解氮（mg/kg）	速效磷（mg/kg）	总氮（g/kg）	总磷（g/kg）	土壤机械组成		
						黏粒（%）	粉粒（%）	沙粒（%）
0～20	270.00	17.27	128.33	0.85	0.63	18.26	47.43	34.31
20～40	313.33	13.30	81.33	1.25	0.59	18.09	45.93	35.97
40～60	364.00	7.93	81.67	1.52	0.53	17.84	44.04	38.78
>60	421.67	6.18	76.33	1.47	0.48	15.88	43.87	40.00

2.3.3 土壤回填步骤

测桶系统的填装与测桶静置的具体步骤如下。

2.3.3.1 装填反滤层

自测桶底部开始，装填反滤层。

2.3.3.2 装填土壤介质

将自然风干的土壤分层回填（即0～20cm、20～40cm、40～60cm、60cm以下），备好自然风干过筛的土样。按照设计容重（1.4g/cm³），每2cm一层，将土壤分层压实填装，层间进行打毛以使上下两层土壤充分接触，避免出现明显分层现象。填土高度达到要求后，从上至下，依次灌入二次水，对测桶进行静置，以得到完整的土壤结构，灌水静置20d左右。

2.3.3.3 探头、陶土头安装

陶土头与土壤水分探头置于同一土层，呈"Y"形摆开以互不影响，放置方式见图2-3。探头延长线、土壤溶液提取器延长管与2#橡胶塞相连并由桶身侧孔水平引出，侧孔孔径1.0cm，随后塞紧，防止漏水。桶身边壁自土面至下留有取土孔，第一个侧孔距土表15cm，其后每孔间隔20cm直至水位处，且水位上下10cm同样留孔，同一水平面预留2孔，两侧孔中心与测桶水平面圆心连线呈90°夹角，孔径2.0cm，试验过程中用3#橡皮塞严格密封，取样时打开。陶土头使用前在水中浸泡2h，以排除陶土头孔隙中的气体和检查是否破损，埋设时注意陶土头出气方向为斜向上或水平，保证试验过程中陶土管头及管中的气体顺利排除。土壤溶液采集器、土壤水分探头组装好后，各连接处用防水胶连接牢固和密封，防止漏气、漏水。测桶底部留出排水管和进水管，排水管用于排除桶中多余水分，进水管与外部马氏瓶相连补充测桶水分。

图2-3 供试土样与陶土头、水分探头埋设

2.3.3.4 地下水供水系统

马氏瓶用以控制地下水位，材质为透明有机玻璃，瓶身高60cm，外径

11cm，壁厚0.4cm，竖向粘贴有0～60cm刻度条，精度1.0mm，用以计量地下水消耗量，测桶完整示意图见图2-4。

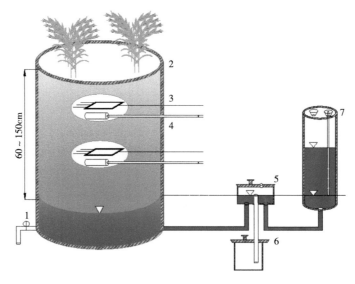

图2-4　试验装置工作示意图

1.出水口；2.Lysimeter；3.水分探头；4.土壤溶液提取器；5.水位平衡器；6.渗漏桶；7.马氏瓶

2.4　灌水施肥

2.4.1　播种

待地下水位稳定后，开始施肥播种。播种时间按照当地播种习惯，视气候变化而定，约为10月中下旬播种，实际播种时间为2020年10月25日、2021年11月1日；播种量参考当地播种习惯，约为11.1kg/亩，折算到测桶为2.83g/lys.（约60粒/lys.）。

2.4.2　施肥

2.4.2.1　施肥量和类型

试验氮肥采用含N46%的尿素、磷肥采用含P_2O_5 12%的过磷酸钙、钾肥采用含K_2O 50%的硫酸钾,磷、钾肥施用量分别为150kg/hm²、120kg/hm²(赵海波等,2009;陈广锋,2018),折算到测桶分别为1.88g/lys.和1.51g/lys.,尿素施用量按照试验设计进行,分别为0g/lys.、1.88g/lys.、3.01g/lys.和3.77g/lys.。

2.4.2.2 施肥方式

氮肥以基肥和追肥形式施入,比例为6:4,磷、钾肥以底肥形式一次性施入,基肥于播种时施入,方式为先将60%的氮肥(各水平)、磷、钾肥与0~20cm表土混合均匀,然后播种,播种深度为5cm,播种方式为沟施,并灌少量水微微湿润,以减少氨挥发损失;氮肥追施于冬小麦拔节期。

2.4.3 灌溉制度

2.4.3.1 灌水

整个试验过程中,为避免降雨干扰,采用电动防雨棚遮雨。根据埋设在0~40cm土壤水分探头的水分变化情况,结合作物的生长情况进行灌溉,灌溉采用喷壶均匀浇灌。灌溉水的pH值为8.33,电导率(EC)为235.15μS/cm,氨态氮和硝态氮含量分别为0.096mg/L与0.96mg/L。同时,避免大量灌水影响土壤元素迁移和转化而掩盖地下水作用,为凸显地下水作用,整个冬小麦全生育期灌水量较为限制,灌水量较少,每Lysimeter灌水量和灌水时间均保持一致,灌水时期和灌水量见表2-3和表2-4。

表2-3 2020年冬小麦灌水日期和灌水量

灌水时期	灌水量(mm)	灌水时期	灌水量(mm)
越冬期	17.64	开花期	17.64
拔节期	30.88	灌浆期	44.11
孕穗期	17.64		

表2-4　2021年冬小麦灌水日期和灌水量

灌水时期	灌水量（mm）	灌水时期	灌水量（mm）
播种期	55.73	拔节期	23.89
越冬期	31.85	孕穗期	15.92
返青期	19.9	灌浆期	47.77

2.4.3.2　地下供水

于每天8时和18时观察马氏瓶读数，实时补充马氏瓶中水分，记录冬小麦地下水水分消耗量（Wg）。

2.5　作物样品采集与测定方法

2.5.1　主要物候期记录

根据冬小麦长势情况，结合气温条件，详细记录冬小麦的各个生育时期。

2.5.2　冬小麦生长状况记录

冬小麦播种出苗后，于每个Lysimeter选取3株长势相近的小麦进行挂牌标记，并记录冬小麦出苗数、分蘖数。在出苗后手动除草，后期视实际情况做好测桶田间管理。

2.5.3　冬小麦生长指标监测

2.5.3.1　关键生育期冬小麦株高

在冬小麦返青期、拔节期、孕穗期、抽穗期、开花期、灌浆期和成熟期，选取每Lysimeter挂牌标记的3株冬小麦，利用直尺测量株高。孕穗期之前用直尺测量小麦基部到叶片生长最高点的距离作为株高，孕穗期及之后用直尺测量冬小麦基部到穗顶的距离（不包括芒长）作为株高。

2.5.3.2 绿叶叶面积指数（LAI）

在冬小麦拔节期、开花期、灌浆期和灌浆中期，选取每Lysimeter挂牌标记的3株冬小麦，用直尺测量冬小麦的最大叶长和最大叶宽。随后利用长宽系数法计算叶面积指数（Leaf area index，LAI，cm^2/cm^2），公式见下：

$$LAI = \sum_{i=1}^{n} L \times W \times 0.83 \times m / S$$

式中，L为叶片长（cm）；W为叶片宽（cm）；m为小麦株数（株）；S为面积（cm^2），0.83为折算系数。

2.5.4 产量及其构成要素

2.5.4.1 产量构成要素

成熟期，每Lysimeter排除有边际效应的植株，随机选取10株长势一致的小麦，详细记录冬小麦的穗长、茎粗、穗粒数、结实小穗数、不孕小穗数和千粒重；茎粗采用游标卡尺测量，测量位置为从下至上第二茎节中部。

2.5.4.2 产量

除用于测量冬小麦干物质和考种的植株样本外，剩余冬小麦实收计产，后将之与考种、干物质测量用样一同计算单个Lysimeter产量。

2.5.5 冬小麦水分利用

2.5.5.1 冬小麦地下水蒸散量

通过每天监测马氏瓶中水分消耗，折算Lysimeter日均地下水消耗量，以地下水日均蒸散速率表示（The velocity of groundwater consumption，Gv，mm/d）；日蒸散量累计可获取各生育期地下水消耗量GC$_{生育期}$（Groundwater consumption，GC，mm），以及全生育期地下水消耗量（GC，mm）。

2.5.5.2 冬小麦蒸发蒸腾量

采用的水量平衡法计算冬小麦生育期内蒸发蒸腾量：

$$ETa=P+I+GC-（C+R+D+K+\Delta W）$$

$$\Delta W=W_2-W_1$$

式中：

ETa——作物实际蒸发蒸腾量（mm）；

I——作物生育期内灌水量（mm）；

P——作物生育期内降水量（mm）；

GC——地下水向土壤根系层的补水量，每次加水时记录好补水量，全生育期进行累加获取（mm）；

R——为径流量，包括地表径流R_s和土体壤中流R_i，$R=R_s+R_i$，以测桶为研究单元，测桶边缘高于地表，R忽略不计；

C——植被截留量；

D——深层渗漏损失量（mm），

K——为某一时段内地下水蒸发量（mm）。其中，因C、K比较少，在实际过程中可忽略不计；

W_2——为某一时段结束时土壤水分，试验采用生育期末；

W_1——为某一时段开始时土壤水分，试验采用生育开始；W_1、W_2土壤储水量采用下述公式计算：

$W=\sum_{i=1}^{n}\theta_i\times h$，$\theta_i$为从上到下第$i$层土壤含水量（体积含水量），$n$为总土层数，$h$为土层厚度，单位均为cm；$W$计算结果折算为毫米水深。

2.5.5.3 水分利用效率

水分利用效率（Water use efficiency，WUE，kg/m^3）为冬小麦产量（Y）（g/lys.）与耗水量（ETa）（mm）的比值，7.96为不同单位间换算系数，由下式计算得到：

$$WUE=7.96\times Y/ETa$$

2.5.5.4 地下水利用占比

地下水利用占比为作物蒸发蒸腾量（耗水量）中地下水消耗量的贡献比额（GC/ETa，%）。

2.5.5.5 地下水利用效率

水分利用效率（Groundwater use efficiency，GWUE，kg/m³）为冬小麦产量（Y）（g/lys.）与地下水耗水量（GC）（mm）的比值，由下式计算得到：

$$GWUE=7.96 \times Y/GC$$

2.5.6 籽粒品质

选取冬小麦成熟期烘干籽粒，测定籽粒蛋白质、淀粉、粗脂肪和灰分含量。

蛋白质利用含氮量折算，折算系数为6.25，淀粉含量采用微量法进行测定，粗脂肪采用残余法测定，籽粒灰分采用直接灰分法测定。

2.5.7 干物质量

2.5.7.1 取样方法和样品处理

于开花期随机选取长势一致的植株3株（$n=3$），成熟期随机选取15株长势一致的植株，平均分为3份（$n=3$）。开花期分茎鞘、叶和穗，成熟期分茎鞘、叶、颖穗（颖壳+穗轴）和籽粒，放置在烘箱中105℃条件下杀青30min后，在70℃恒温条件下烘干至恒重，并计算干物质量积累、转运和分配量（Przulj et al.，2003；Ma et al.，2015）。

2.5.7.2 干物质量分配、转运

器官干物质分配比例（%）=器官干物质量/地上部干物质量×100

花前营养器官干物质转移量（g/lys.）=开花期营养器官

干物质积累量−成熟期营养器官干物质积累量

花前干物质量转移率（%）=花前干物质转移量/开花

期地上部分干物质积累量×100

营养器官干物质贡献率（%）=营养器官干物质

转移量/成熟期籽粒干物质积累量×100

花后干物质积累量（g/lys.）=成熟期籽粒干物质

积累量−营养器官干物质转移量

花后干物质积累量对籽粒贡献率（%）=花后籽粒干物质

积累量/成熟期籽粒干物质积累量×100

2.5.8　植株样品含氮量

2.5.8.1　样品处理与测定

将每Lysimeter开花期、成熟期不同器官的植物样品烘干后磨碎。利用万分之一天平称取0.300g样品，用H_2SO_4-H_2O消解至澄清，冷却后转移定容至100mL容量瓶，用连续流动分析仪（AA3，Bran Luebbe Gmbh，Hamburg，德国）测定冬小麦样品中的氮含量，并计算冬小麦器官氮素积累量、转移量（率）、贡献率和分配比例以及氮素利用率（Przulj et al.，2003；孔丽婷等，2021；刘学军等，2002）。

2.5.8.2　植株氮素积累、分配和转运计算公式

器官氮素积累量（g/lys.）=器官干物质积累量×器官含氮量

器官氮素分配比例（%）=器官积累量/地上部

植株氮积累量×100

花前营养器官氮转移量（g/lys.）=开花期营养器官氮

积累量-成熟期营养器官氮积累量

花前氮素转移率（%）=花前氮素转移量/开花期

地上部植株氮素积累量×100

花前氮素对籽粒氮贡献率（%）=花前氮素

转移量/成熟期籽粒氮积累量×100

2.5.8.3 氮素利用率

氮素收获指数（Nitrogen harvest index，NHI）=籽粒氮

累积量/地上部植株氮累积量×100

氮肥利用率（Nitrogen fertilizer use efficiency，NFUE，%）=

（施氮区地上部吸氮量-不施氮区地上部吸氮量）/施氮量

氮肥偏生产力（Partial factor productivity of applied N，

PFPN，kg/kg）=产量/施氮量

土壤氮依存率（Soil nitrogen dependency ratio，SNDR，%）=

不施氮区地上部分吸氮量/施氮区地上部分吸氮量×100

氮素吸收利用率（Nitrogen uptake efficiency，NUpE，%）=

植株地上部分氮素积累量/施氮量×100

2.6 土壤样品采集与测定方法

成熟期从侧方取土孔中取土，土壤取出后分为3份，一份用于烘干称重测量土壤含水率，一份用于自然风干留存，一份用于土壤硝态氮和铵态氮测定，剩余新鲜土样置于-20℃低温保存备用。

水土界面处土壤取出后，迅速装入无菌自封袋中，密封后低温4℃保存于便携式冷藏箱内，及时带回实验室，并在要求的时间内完成土壤微生物活性测定指标的前处理等工作。

土壤微生物群落结构通过高通量测序平台分析。在进行PCR扩增试验前，先对土壤样品进行总DNA提取，抽提到的总DNN使用1%琼脂糖凝胶电泳检测，取1μL样品进行电泳检测，检测后获得的所有样品条带清晰正常，符合检测标准，可进行扩增试验，具体操作过程参考已有研究进行（郭魏，2016；韩洋，2019）。

2.6.1 土壤基础理化性状测定

土壤pH值采用过10目筛的自然风干土样，水、土比设为2.5∶1，利用PHS-1型酸度计测定，土壤可溶性盐采用电导法测定；土壤有机质采用过100目筛自然风干土，利用重铬酸钾氧化-容量法测定；土壤质量含水率采用标准烘干法测定。

2.6.2 氮素、全磷测定

硝态氮和铵态氮测定：称取新鲜土样10g，利用50mL 0.01mol/L $CaCl_2$溶液浸提，振荡30min后，采用中性滤纸过滤，取干净澄清滤液用流动分析仪（德国BRAN LUEBBE AA3）进行土壤硝态氮和铵态氮测定。

土壤全氮、全磷测定：取自然风干土样，过100目筛，试验称取0.5g，用高温浓硫酸消解后，利用连续流动分析仪测定。

2.6.3 土壤脲酶活性测定

取自然风干土样，过40目筛，称取0.5g，采用靛酚蓝比色法测定，脲酶活性以24h 1g土壤中NH_3-N的毫克数表示。

2.7 数据分析

试验数据利用Excel 2016进行整理和初步计算分析，利用IBM SPSS

Statistics 23.0进行方差分析（ANOVA、two-way ANOVA、DUNCAN进行多重比较，$P<0.05$）、相关性分析、回归分析和主成分分析等相关统计分析，作图采用Origin 2021完成。基于加权/非加权（Weighted/Unweighted）距离的主坐标分析（Principal coordinates analysis，PCoA）确定环境因子与微生物群落结构的相关性。使用非加权平均法（Unweighted pair group method with arithmetic mean，UPGMA）聚类，计算群落结构的相似性系数，并通过降维方法，在低纬度坐标系中考察不同处理的土壤微生物群落结构差异性。

3 地下水埋深和施氮组合对冬小麦生长、产量和品质的影响

3.1 概述

小麦是世界上主要的粮食作物，在养活人类上发挥着重要作用（Liu et al.，2016a）。在中国，小麦产量约占粮食总产量的20%，其中全国60%以上的小麦产自华北平原（Zhang et al.，2021；韩一军等，2021）。氮肥的施用极大提高了中国小麦的产量（Chen et al.，2014；Zhang et al.，2011）。然而，过量的氮肥投入不仅降低了氮肥利用效率，引发农田氮素大量过剩（张亦涛等，2018），还导致温室气体大量排放、土壤酸化、地下水氮污染等一系列环境问题（胡春胜等，2018；Yu et al.，2019；Guo et al.，2010；Cui et al. 2018）。此外，水是限制作物生长和产量形成的又一重要因素。特别是浅层地下水位会显著影响作物生长、形态和生理特性、水分利用效率和作物产量（Ghobadi et al.，2017）。因此，合理的施氮量和地下水埋深对促进作物生长、提高产量和降低环境污染风险具有重要作用。

合理施氮有利于协调土壤碳氮比，改善土壤肥力，进而提高作物产量（张嫚等，2017；Deng et al.，2020；王月福等，2003）。但过量施氮可能不利于协调土壤有机碳/氮的组成和数量（Ren et al.，2019；Qiu et al.，2016），造成土壤硬化酸化（Wu et al.，2021），降低土壤渗透性和气孔度，损害土壤微生物种群、群落结构和酶活稳定性（Treseder，2008；Ren et al.，2019），从而降低微生物的生长和繁殖（马东辉等，2008；Yang et al.，2017），最终限制作物生长和产量形成（Yan et al.，2015）。针对控施减施氮量，现已开展了大量研究。Li et al.（2020）研究表明在一定水分

胁迫下，传统施氮与减氮措施下作物产量差异不显著，这可能是因为常规施氮大，不一定能强化籽粒灌浆参数（王美等，2017）。周加森等（2019）报道了畦灌施氮240kg/hm² 下小麦干物质积累和产量均高于传统氮肥300kg/hm² 用量。同样，Si et al.（2020）发现在滴灌条件下施氮量超过240kg/hm² 不利于冬小麦生长或作物水分利用效率。吉艳芝等（2014）报道了施氮210～270kg/hm² 和140～215mm灌水量的水肥管理模式比其他模式显著提高了产量，是一种实用的高产高效施肥模式。此外，由于施氮和种植密度的交互效应可以改善小麦冠层结构，显著作用冠层光合特性，在适宜的种植密度下可以有效减少施氮量（黄波等，2019）。以上可见，针对氮肥的减施控施已开展了大量研究，但对于较浅地下水埋深区应如何控制和降低施氮量，相关研究较少。

地下水进入土壤补充土壤水分，与土壤水、植物水和大气水构成了一个完整的土壤水连续系统，是作物正常生长所需的重要水源之一，对作物生长发育、水分利用和产量形成具有重要作用。较浅地下水埋深（0.5～2.5m）能缩短玉米生长过程，提高叶面积指数（亢连强等，2007，孙仕军等，2018），提高生育期作物地上部生物量（Kahlown et al.，2005），增加地下水耗水量和作物蒸散量，减少地表灌溉量（Kahlown et al. 2005）。地下水过浅和过深都会影响作物株高、叶面积、干物质、水分利用效率和产量。当作物指数最优时，存在一个理想的地下水深度（刘战东等，2014）。因为地下水深度会影响土壤水分分布（Kahlown et al.，2005；Huo et al.，2012）。此外，氮肥的施用和地下水位影响土壤中水氮的分布和迁移（Cui et al.，2006；Morari et al.，2012）。施氮后，上层土壤水势梯度较高，氮素浓度较大，受作物生长、灌溉和土壤水分运移作用，水氮向下层迁移导致氮素淋失，降低作物对水氮的吸收利用率（Wang et al.，2018；Lyu et al.，2021）。地下水通过毛细作用补充土壤水分，降低土壤透气性，影响土壤酶活性（Zhang et al.，2018）。在临近地下水位处，水势梯度较低，地下水和底土中的氮素可能受作物根系吸水和作物蒸腾拉力向上运移（Wang et al.，2019；Shen et al.，2010；Morari et al.，2012），可能增大土壤根层氮素通量，不利作物生长。

综上所述，当前多数研究将施氮和地下水作为单一变量来研究土壤的水氮分布，而将地下水与施氮相结合综合研究对作物生长和产量形成的效应较少，内在机制也不十分清楚，尤其是在地下水浅埋藏地区，传统施氮量过高易引发土壤氮素积累、"报酬递减"等农业生产和环境效应。因此，有必要结合地下水埋深和施氮量对冬小麦生长、产量和品质进行研究，为浅地下水埋深区优化施氮，提高农业生产和加强农业生态环境保护提供理论技术参考。

3.2 结果与分析

3.2.1 冬小麦株高

冬小麦各生育期株高见图3-1。由图3-1a～d可知，整体上，2020年施氮处理株高显著高于不施氮处理，各施氮处理间差异不显著。NF0处理下各生育期冬小麦株高随地下水埋深增加而显著增加，G3、G4处理显著高于G1、G2处理。施氮下NF150、NF240处理返青期到开花期株高随地下水埋深增加先增加后减小，G3埋深时最高，G3、G4埋深处理显著高于G1、G2埋深处理。值得注意的是这一规律在NF150条件下表现明显，而在NF240下表现较弱；随着生育进程持续推进，灌浆期到成熟期各埋深处理下株高无显著差异。整个生育期NF300处理冬小麦株高同样随地下水埋深先增后减，株高峰值出现在G2埋深处理下，显著高于其他埋深处理；尤其是追肥后G1、G2处理冬小麦生长速度较快，在随后的生育期里显著高于G3、G4处理。

由图3-1e～h可知，2021年NF0、NF150、NF240施氮返青期各埋深处理株高差异不显著，而NF300施氮下G1、G2、G3处理显著高于G4处理。随着生育进程推进，NF0施氮下G3、G4处理显著高于G1、G2处理；NF150、NF240处理株高随地下水埋深增加呈先增后减趋势，G2、G3处理高于G1、G4处理，其中NF240施氮下差异显著；NF300处理株高随地下水埋深增加有降低趋势，G1、G2、G3处理显著高于G4处理（图3-1h）。返青到拔节期施氮处理显著高于不施氮处理（NF0），抽穗到成熟期NF150、NF240处理显著高于NF0、NF300处理，平均分别高出4.94%和2.22%。

由图3-1可知，施氮0～300kg/hm^2，2020—2021年两年株高随地下水埋深增加呈先增加后减小趋势。2020年施氮处理间株高差异不显著，而2021年NF150、NF240处理显著高于NF300处理，说明施氮对冬小麦株高影响存在年际叠加效应，而施氮不足和施氮过高均不利于冬小麦株高生长，该现象在低水位条件下表现更为明显。

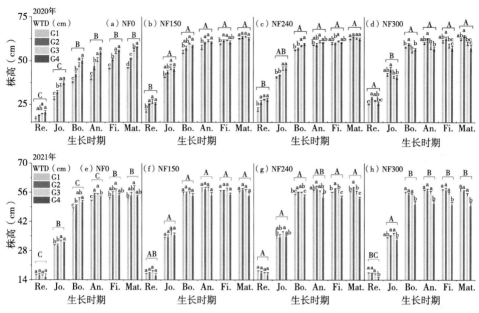

图3-1 各生育期冬小麦株高

注：Re.、Jo.、Bo.、An.、Fi.、Mat. 分别表示冬小麦返青期、拔节期、孕穗期、开花期、灌浆期和成熟期，下同。不同小写字母表示相同施氮水平下不同地下水埋深处理间差异显著，不同大写字母表示同一生育期不同施氮处理间差异显著，$P<0.05$。

3.2.2 叶面积指数（LAI）

不同组合处理各生育期冬小麦叶面积指数（Leaf area index，LAI）见图3-2。由图3-2a~d可知，2020年施氮和水位控制条件下冬小麦LAI在开花期达到最大。NF0处理下LAI随地下水埋深增加而增加，G1、G2、G3和G4埋深处理间差异显著。各施氮组LAI随地下水埋深增加先增后减，NF150、NF240施氮下G3埋深处理LAI最大，G3、G4埋深处理显著高于G1、G2埋深处理；NF300施氮下在G2埋深处理时LAI最大，G1、G2处理显著高于G3、G4处理，而在灌浆中期G2埋深处理LAI有降低趋势，可能是因为地下水埋深与施氮组合会影响冬小麦的生长进程，导致不同处理冬小麦在同一时间可能处在不同生育阶段。开花期至灌浆中期，NF240、NF300处理显著高于NF0、NF150处理，说明施氮能促进冬小麦叶片生长。因此，不难发现施氮量较低（NF0、NF150、NF240）时，G3、G4埋深处理LAI高于G1、G2埋深处理，而施氮量较高（NF300）时表现相反，LAI最大值对应地下水埋深随施氮量增加而降低趋势明显，这说明地下水埋深与施氮对冬小麦叶片生长发育的影响也存在交互作用。

由图3-2e～h可知，2021年，拔节至灌浆中期NF0施氮下冬小麦LAI随地下水埋深增加而增加，G3、G4埋深处理显著高于G1、G2处理；NF150、NF240、NF300施氮下LAI随地下水埋深增加先增后减，最大值分别对应NF150G3，NF240G2、G3和NF300G2组合处理，其中NF150施氮下G3处理显著高于G1处理，平均高出37.52%；NF240施氮下G2、G3处理显著高于G1处理，平均高出17.55%；NF300施氮下G1、G2、G3处理显著高于G4处理，平均高出32.58%～45.56%。灌浆期，NF300处理显著高于NF150、NF240处理，分别高出6.98%和11.24%；灌浆中期，NF240、NF300处理显著高于NF150处理，分别高出21.73%和21.26%，说明地下水埋深0.6～1.5m增施氮肥在一定程度上能够促进冬小麦叶片生长和延迟叶片衰老变黄。

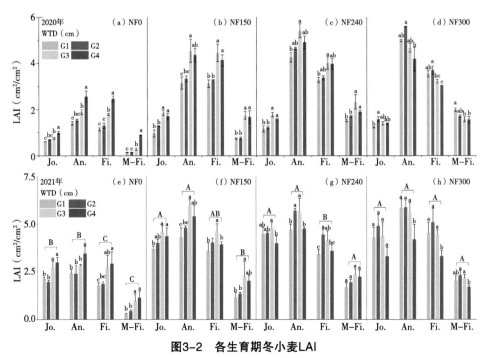

图3-2　各生育期冬小麦LAI

注：M-Fi.表示灌浆中期。不同的小写字母表示相同施氮水平下不同地下水埋深处理差异显著，不同大写字母表示同一生育期不同施氮处理间差异显著，$P<0.05$。

3.2.3 冬小麦产量及其构成要素

3.2.3.1 产量构成要素

2020年冬小麦产量构成要素见表3-1。由表3-1可知，2020年NF0施氮下冬小麦穗长、穗粒数、结实小穗数、茎粗、千粒重和产量均随地下水埋深增加显著增加，不孕小穗数变化相反。NF150、NF240施氮下G3、G4埋深处理穗长、千粒重和单位面积有效穗数显著高于G1、G2埋深处理，穗粒数表现相反。NF300施氮下穗粒数、结实小穗数随地下水埋深增加而减少，G3、G4埋深处理显著低于G1、G2埋深处理，不孕小穗数变化相反。NF150、NF240、NF300处理冬小麦产量构成要素显著优于NF0处理，但NF300处理相比NF150、NF240处理冬小麦穗部性状优势有所降低，尤其是G3、G4埋深下表现最为明显。

表3-1 2020年冬小麦产量构成要素

施氮量（NF）	地下水埋藏深度（WTD）	穗长（cm）	穗粒数（粒）	结实小穗数（穗）	不孕小穗数（穗）	茎粗（cm）	千粒重（g）	亩穗数（穗/m²）
NF0	G1	5.50 ± 0.03d	14.77 ± 0.78d	11.33 ± 0.71c	8.43 ± 0.15a	3.16 ± 0.04c	39.98 ± 0.89b	43.33 ± 5.51a
	G2	6.07 ± 0.15c	23.00 ± 0.95c	14.60 ± 0.17b	5.93 ± 0.41b	3.73 ± 0.10b	40.44 ± 0.20b	43.00 ± 3.00a
	G3	6.71 ± 0.17b	32.57 ± 0.87b	17.63 ± 0.22a	3.40 ± 0.06c	3.94 ± 0.08ab	43.42 ± 0.21a	39.00 ± 1.00a
	G4	7.16 ± 0.10a	37.60 ± 1.89a	18.17 ± 0.44a	3.30 ± 0.29c	4.10 ± 0.09a	43.84 ± 0.24a	47.67 ± 2.52a
	Ave.	6.36C	26.98C	15.43C	5.27A	3.73C	41.92B	43.25B
NF150	G1	7.33 ± 0.13b	43.28 ± 0.81ab	19.63 ± 0.45a	2.47 ± 0.29a	4.32 ± 0.14a	39.70 ± 0.58c	49.67 ± 4.73c
	G2	7.60 ± 0.10b	46.31 ± 0.56a	20.40 ± 0.12a	2.17 ± 0.22a	4.42 ± 0.03a	40.99 ± 0.21c	53.00 ± 1.00b
	G3	7.59 ± 0.07b	39.43 ± 1.91c	18.78 ± 0.39a	3.33 ± 0.44a	4.21 ± 0.07a	43.41 ± 0.69b	61.33 ± 7.64a
	G4	8.01 ± 0.13a	40.73 ± 0.32bc	19.23 ± 0.35a	3.37 ± 0.33a	4.32 ± 0.03a	45.98 ± 0.21a	59.67 ± 3.21a

（续表）

施氮量（NF）	地下水埋藏深度（WTD）	穗长（cm）	穗粒数（粒）	结实小穗数（穗）	不孕小穗数（穗）	茎粗（cm）	千粒重（g）	亩穗数（穗/m²）
	Ave.	7.63A	42.44A	19.51A	2.83BC	4.32A	42.52AB	55.92A
NF240	G1	7.45 ± 0.12a	45.77 ± 2.09a	19.73 ± 0.15a	2.00 ± 0.12b	4.40 ± 0.13a	39.38 ± 0.63b	54.33 ± 1.53b
	G2	7.43 ± 0.29a	45.35 ± 0.61a	19.85 ± 0.66a	1.90 ± 0.17b	4.22 ± 0.19a	39.69 ± 0.57b	54.00 ± 1.00b
	G3	7.63 ± 0.07a	39.47 ± 0.82b	18.63 ± 0.26a	3.43 ± 0.44a	4.18 ± 0.03a	43.77 ± 1.64a	61.67 ± 4.73a
	G4	7.63 ± 0.12a	38.97 ± 2.41b	18.73 ± 0.62a	3.27 ± 0.42a	4.22 ± 0.05a	43.70 ± 0.43a	57.33 ± 2.31b
	Ave.	7.54AB	42.39A	19.24AB	2.65C	4.25AB	41.63B	56.83A
NF300	G1	7.47 ± 0.13a	45.37 ± 1.85a	20.03 ± 0.20a	2.10 ± 0.10b	4.25 ± 0.11a	39.48 ± 0.27c	56.67 ± 1.15a
	G2	7.62 ± 0.07a	44.33 ± 2.07a	19.77 ± 0.48a	2.53 ± 0.48b	4.30 ± 0.06a	39.54 ± 1.12c	59.67 ± 4.04a
	G3	7.30 ± 0.15a	34.83 ± 1.67b	17.60 ± 0.21b	4.13 ± 0.43a	3.99 ± 0.10a	48.20 ± 0.60a	57.33 ± 3.79a
	G4	7.12 ± 0.09a	34.48 ± 1.54b	17.40 ± 0.45b	4.31 ± 0.21a	3.95 ± 0.10a	45.05 ± 0.76b	55.33 ± 5.13a
	Ave.	7.38B	39.75B	18.7B	3.27B	4.12B	43.07A	57.25A

注：不同小写字母表示相同施氮水平下不同地下水埋深处理间差异显著，不同大写字母表示不同施氮处理间差异显著，$P<0.05$。下同。

由表3-2可知，2021年冬小麦NF0施氮下穗长、穗粒数、结实小穗数、茎粗和有效穗数均随地下水埋深增加呈增加趋势，G4处理显著高于G1、G2、G3处理，不孕小穗数和千粒重变化相反，表现为随地下水埋深增加呈降低趋势，G1、G2、G3处理显著高于G4处理；NF150施氮下G2、G3、G4处理有效穗数显著高于G1处理，其余构成要素在各埋深处理间无显著差异，但均在G3埋深下较优；NF240施氮下冬小麦产量构成要素在各地下水埋深处理间无显著差异，但均在G2、G3埋深处理下表现较优；NF300施氮下穗长、穗粒数、结实小穗数、千粒重和有效穗数均随地下水埋深增加而降低，G1、G2埋深穗长、结实小穗数和千粒重显著高于G3、G4埋深处理，各要素在G1、G2处理下表现较优。增施氮肥有利于穗长、穗粒数、结实小穗数、茎粗和有效穗数形成，穗长、穗粒数、结实小穗数表现为NF300>NF150、NF240>NF0，差异显著，但施氮超过150kg/hm²时，千粒重、茎粗显著下降，且有效穗数并未显著增加。

综合冬小麦两年产量构成要素来看，由表3-1和表3-2可知，各施氮组穗粒数、千粒重随地下水埋深变化趋势相反，这可能是因为地面灌水量不一，导致作物受旱，而有效穗数均有相同变化趋势，说明在浅地下水埋深下地面灌水会影响施氮的作用效应，但对成熟期有效穗数的影响较小。

表3-2 2021年冬小麦产量构成要素

NF	WTD	穗长（cm）	穗粒数（粒）	结实小穗数（穗）	不孕小穗数（穗）	茎粗（cm）	千粒重（g）	亩穗数（穗/m²）
NF0	60	6.56 ± 0.02c	30.20 ± 1.65c	16.13 ± 0.35c	4.63 ± 0.06a	3.45 ± 0.02b	35.57 ± 0.85a	51.33 ± 4.93b
	90	6.93 ± 0.13b	34.00 ± 2.34bc	17.33 ± 0.21b	4.53 ± 0.51a	3.79 ± 0.11a	34.81 ± 2.06a	51.00 ± 1.00b
	120	7.33 ± 0.22a	37.75 ± 2.05b	17.73 ± 0.15b	4.60 ± 0.30a	3.85 ± 0.11a	33.41 ± 1.77ab	50.67 ± 1.53b
	150	7.36 ± 0.21a	44.37 ± 2.30a	18.67 ± 0.60a	3.07 ± 0.35b	3.70 ± 0.05a	31.04 ± 0.98b	59.00 ± 2.00a
平均值		7.05C	36.58C	17.47C	4.21A	3.7B	33.71A	53B
NF150	60	7.34 ± 0.08a	43.23 ± 0.81a	19.33 ± 0.21a	2.83 ± 0.12a	3.84 ± 0.09a	31.81 ± 0.71a	61.67 ± 3.51b
	90	7.33 ± 0.23a	45.58 ± 2.88a	19.3 ± 1.31a	3.13 ± 0.95a	3.99 ± 0.15a	32.67 ± 1.05a	76.33 ± 7.23a
	120	7.33 ± 0.13a	46.38 ± 5.07a	19.43 ± 0.40a	3.03 ± 0.21a	3.96 ± 0.14a	29.32 ± 3.02a	77.67 ± 7.02a
	150	7.18 ± 0.15a	43.89 ± 1.71a	18.8 ± 0.70a	3.13 ± 0.57a	3.85 ± 0.07a	28.57 ± 2.60a	81.67 ± 3.51a
平均值		7.3B	44.77B	19.22B	3.03B	3.91A	30.59B	74.33A

（续表）

NF	WTD	穗长（cm）	穗粒数（粒）	结实小穗数（穗）	不孕小穗数（穗）	茎粗（cm）	千粒重（g）	亩穗数（穗/m²）
NF240	60	7.39 ± 0.3a	46.84 ± 1.27a	20.07 ± 0.23a	2.40 ± 0.44a	3.77 ± 0.05a	30.53 ± 2.35a	68.67 ± 4.16a
	90	7.24 ± 0.18a	46.11 ± 3.84a	19.30 ± 0.79a	3.03 ± 0.45a	3.86 ± 0.12a	29.46 ± 0.15a	81.00 ± 7.55a
	120	7.24 ± 0.04a	49.80 ± 2.13a	19.60 ± 0.26a	2.83 ± 0.25a	3.79 ± 0.07a	25.95 ± 1.57b	82.00 ± 4.00a
	150	7.08 ± 0.26a	42.88 ± 3.26a	18.43 ± 1.21a	3.10 ± 0.72a	3.47 ± 0.28a	28.05 ± 0.95ab	70.33 ± 7.37a
	平均值	7.26B	46.41AB	19.35B	2.84B	3.72B	28.5C	75.5A
NF300	60	7.77 ± 0.08a	51.40 ± 1.05a	20.90 ± 0.26a	1.77 ± 0.23a	3.73 ± 0.06a	29.47 ± 1.17a	76.33 ± 6.11a
	90	7.58 ± 0.17ab	47.58 ± 2.92a	20.17 ± 0.12ab	2.40 ± 0.10a	3.67 ± 0.12a	29.21 ± 0.79a	82.33 ± 3.51a
	120	7.34 ± 0.28bc	47.78 ± 2.23a	19.73 ± 0.61b	2.23 ± 0.65a	3.85 ± 0.14a	26.31 ± 1.34b	73.00 ± 8.00a
	150	7.13 ± 0.10c	46.90 ± 2.71a	18.93 ± 0.50c	2.57 ± 0.32a	3.93 ± 0.17a	26.37 ± 0.40b	71.67 ± 1.53a
	平均值	7.45A	48.41A	19.93A	2.24C	3.79B	27.84C	75.83A

3.2.3.2 产量

由表3-3可知，施氮和地下水埋深显著影响冬小麦产量。在不同施氮条件下，冬小麦最高产量对应的最优地下水埋深详见图3-3。由图3-3可知，NF0施氮下两年冬小麦产量表现为随地下水埋深增加而增加，G4埋深处理对应产量最高，G4处理两年产量均显著高于G1、G2、G3处理，平均分别高出88.20%和46.47%。NF150、NF240施氮下，产量随地下水埋深增加先增后减，对应最优地下水埋深分别为G2、G3，NF150施氮下G3处理显著高于G1处理，两年分别高出20.80%和27.46%。NF300施氮下产量随地下水埋深增加呈降低趋势，对应最优地下水埋深为G1、G2，G1、G2处理显著高于G4处理，两年分别高出20.58%和32.92%。从各施氮组产量对应最优地下水埋深不难发现，最优地下水埋深随施氮量增加和年际叠加施氮呈降低趋势，尤其是NF300施氮下G3、G4埋深产量显著低于G1、G2处理，平均下降25.89%，说明在G3、G4埋深下持续高施氮量不利于冬小麦产量形成（图3-3b）。

由图3-3可知，施氮对产量作用受浅地下水埋深影响。G1、G2埋深下产量随施氮量增加而增加，其中G1埋深下NF240、NF300处理显著高于NF0、NF150处理，两年平均高出18.64%和204.11%；G3、G4埋深下产量随施氮量先增后减，NF150处理最高，其中2021年NF150处理显著高于NF240、NF300处理，平均高出15.02%。

表3-3 冬小麦生长指标和产量双因素方差分析

因素	株高		LAI	产量
	Re.-Jo.	Bo.-Mat.	Jo.-MFi.	
WTD	**	**	**	*
NF	**	**	**	**
NF × WTD	ns	**	**	**

注：Re.-Jo.、Bo.-Mat.、Jo.-MFi.分别表示冬小麦返青到拔节期、孕穗到成熟期、拔节到灌浆中期。ns代表无显著性差异；*代表$P=0.05$差异显著；**代表$P=0.01$差异极显著。

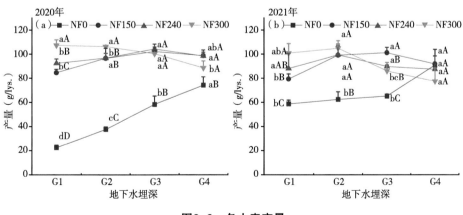

图3-3 冬小麦产量

注：不同小写字母表示同一施氮下不同地下水埋深处理间差异显著，不同大写字母表示同一地下水埋深下不同施氮处理间差异显著，$P<0.05$，下同。

3.2.4 冬小麦品质

冬小麦品质本研究主要指淀粉、灰分、粗脂肪和蛋白质。

3.2.4.1 淀粉

由图3-4可知，不同施氮条件下，冬小麦籽粒淀粉含量表现为随地下水埋深增加呈下降趋势，G1、G2、G3埋深处理显著高于G4埋深处理（NF240处理除外），平均高出7.80% ~ 19.24%，这主要是因为地下水埋深越浅，越有利于籽粒中碳水化合物合成。而随施氮量增加，冬小麦籽粒淀粉含量呈下降趋势。G2埋深下NF0处理均显著高于NF240、NF300施氮处理，平均高出9.34% ~ 21.31%，2021年G4埋深下显著高出12.90%。从地下水埋深与施氮量对冬小麦籽粒淀粉含量的综合效应来看，整体上籽粒淀粉含量随施氮量和地下水埋深的增加而减小，说明在地下水埋深较大地区，一味增加施氮量并不利于籽粒淀粉合成，进而影响产量。

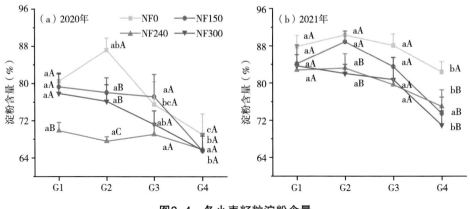

图3-4　冬小麦籽粒淀粉含量

3.2.4.2 灰分

由图3-5可知，冬小麦籽粒灰分含量年际间表现出较大变异性。2020年在NF150施氮下，灰分含量随地下水埋深增加显著降低，G1埋深处理显著高于G2、G3、G4埋深处理，平均高出6.99%；而高施氮量NF300下，灰分含量随地下水埋深变化趋势相反，G4埋深显著高于G1、G2、G3埋深，平均高出31.37%。2021年NF300施氮下G4埋深高于G1、G2、G3埋深处理，但差异未达到显著性水平，说明在较大地下水埋深下，过高施氮会促进作物吸收土壤无机盐分。地下水埋深较小，施氮量对籽粒灰分含量作用效应不显著；而在G4埋深下，NF300处理显著高于NF0、NF150、NF240处理，平均高出12.44% ~ 29.20%，施氮150kg/hm²籽粒灰分含量最低，为1.59% ~ 1.65%。

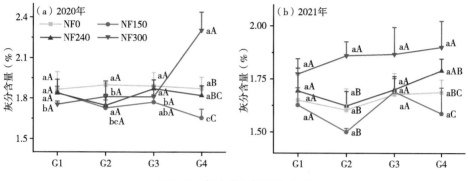

图3-5 冬小麦籽粒灰分含量

3.2.4.3 粗脂肪

由图3-6可知，地下水埋深对冬小麦籽粒粗脂肪影响受施氮水平作用。施氮0 ~ 150kg/hm²，粗脂肪随地下水埋深的演变规律在年际间存在较大差异，NF0施氮下，G2、G3、G4处理显著高于G1处理，2020年与2021年平均分别高出42.14%和27.41%；NF150施氮下各地下水埋深处理间年际差异较大；NF240施氮下G3、G4处理显著高于G1、G2处理，2020年与2021年平均分别高出12.68%和18.55%；NF300施氮下各地下水埋深处理间均未表现出显著性差异。

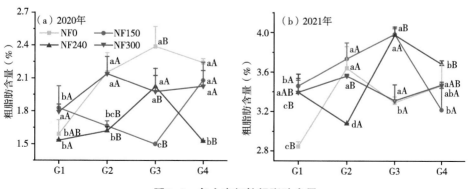

图3-6 冬小麦籽粒粗脂肪含量

3.2.4.4 蛋白质

由图3-7可知，籽粒蛋白质含量受施氮和地下水埋深作用效应显著。不同施氮条件下，籽粒蛋白质均随地下水埋深增加而增加。2020年各地下水埋深处理间达到显著水平，NF0、NF150施氮下G4处理显著高于G1、G2、G3处理，平均分别高出62.00%和37.53%；NF240、NF300施氮下G3、G4处理显著高于G1、G2处理，平均分别高出26.88%和37.93%。2021年除NF0施氮G4处理显著高于G1、G2、G3处理外（平均高出36.13%），施氮下籽粒蛋白质含量随地下水埋深有明显增加趋势，但各埋深处理间差异均未达到显著性差异，说明浅地下水埋深条件下，持续累积施氮并不能显著促进冬小麦籽粒蛋白质合成。

外源施氮不仅是增加作物产量的重要措施，也是促进籽粒蛋白质形成的主要氮素来源。由图3-7可知，浅地下水埋深条件下，施氮促进了冬小麦籽粒蛋白质合成，但随着地下水埋深的增加，各施氮处理间差距逐渐缩小。G1、G2埋深下，蛋白质含量随施氮量增加而增加，NF240、NF300施氮处理显著高于NF0、NF150处理，2020年和2021年平均分别高出25.88%~41.39%和26.56%~27.68%；G3埋深下，2020年NF240、NF300、NF150和NF0处理间差异显著，而2021年施氮显著高于不施氮处理，但NF150、NF240、NF300施氮处理间未达到显著性差异；G4埋深下NF0、NF150、NF240、NF300处理间差异不显著。总体上，从图3-7中不难发现，地下水埋深较小条件下（G1、G2埋深），年际叠加施氮会加深NF240、NF300、NF150和NF0处理间差异（NF240、NF300>NF150>NF0，$P<0.05$），其中G2埋深下各施氮处理间差异表现明显；但对于较大埋深（G3、G4埋深），这种叠加效应表现不明显。随着第二年持续叠加施氮，各施氮处理之间以及施氮与不施氮处理之间差异逐渐缩小，说明对于G1、G2埋深，增施氮肥有助于提升籽粒蛋白质含量，但施氮量超过240kg/hm^{2}时作用效应较弱，而对于G3、G4埋深，增施氮肥并不能显著促进籽粒蛋白质合成，施氮量可保持在150~240kg/hm^2。

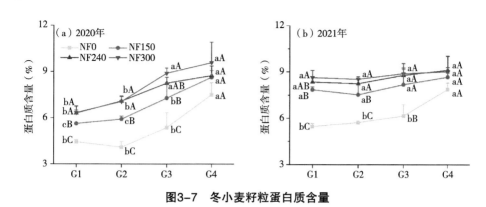

图3-7 冬小麦籽粒蛋白质含量

3.2.5 产量与施氮量及地下水埋深的拟合分析

由前述分析可知，在不同施氮条件下，均存在对应产量最高的最优地下水埋深，为获取各施氮条件下最优地下水埋深具体数值，以反映最优地下水埋深随施氮量的变化规律。基于两年产量数据，以地下水埋深为自变量，产量为因变量，利用二次曲线进行拟合（因NF0施氮处理下，两年试验均表明产量随地下水埋深增加而逐渐变大，因此以直线方程拟合，并以150cm埋深作为不施氮条件下的最优地下水埋深），结果见图3-8和表3-4。由表3-4可知，最优地下水埋深随施氮量增加而逐渐减小，在150～240kg/hm²施氮条件下最优地下水埋深为100.00～123.26cm，施氮量为300kg/hm²对应最优地下水埋深为62.86～70.00cm。

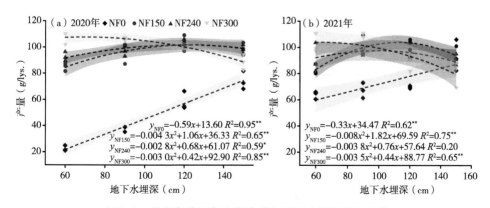

图3-8 施氮条件下冬小麦产量与地下水埋深拟合曲线

注：图中**表示P<0.01，*表示P<0.05，下同。

表3-4　各施氮组对应最优地下水埋深

施氮组	最优地下水埋深	
	2020年	2021年
NF0	150.00	150.00
NF150	123.26	114.38
NF240	121.43	100.00
NF300	70.00	62.86

为寻求试验控制条件60~150cm埋深条件下的最优施氮量，在浅地下水埋深下提供高效的施氮区间，以施氮量为自变量、产量为因变量，建立曲线函数关系，结果见图3-9。结果表明两年产量均与施氮量呈显著的二次曲线关系，对应产量最佳时的施氮量分别为247.70kg/hm²和227.74kg/hm²。

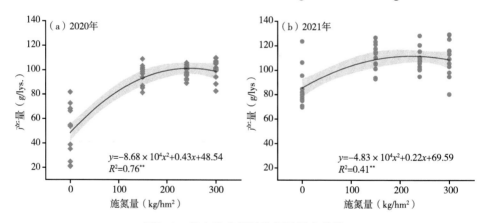

$y = -8.68 \times 10^{4}x^2 + 0.43x + 48.54$
$R^2 = 0.76^{**}$

$y = -4.83 \times 10^{4}x^2 + 0.22x + 69.59$
$R^2 = 0.41^{**}$

图3-9　冬小麦产量随施氮量拟合曲线

3.2.6　冬小麦生长属性、产量和品质相关性分析

由图3-10可知，冬小麦产量、株高、LAI和蛋白质含量呈显著正相关关系，淀粉含量与蛋白质含量呈显著负相关关系，表明施氮和浅地下水埋深通过影响冬小麦植株生长和叶面积增加显著促进冬小麦蛋白质合成，进而增加产量，但对淀粉的合成具有一定的负效应。

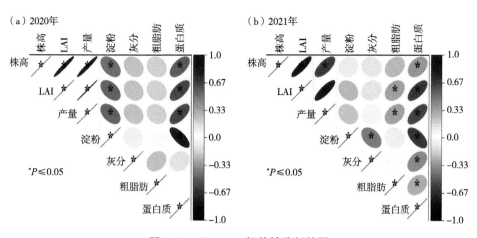

图3-10　Pearson相关性分析热图

3.2.7　冬小麦产量、产量构成要素间相关性分析

由图3-11可知，冬小麦产量与穗长、穗粒数、结实小穗数和有效穗数呈显著正相关关系，与不孕小穗数呈显著负相关关系，说明地下水埋深和施氮主要通过改善冬小麦的穗部性状和有效穗数来增产。值得注意的是，千粒重与产量的相关性年际间表现出变异性，这可能是受外界气象条件、灌水和施氮与地下水埋深的年际叠加效应影响。

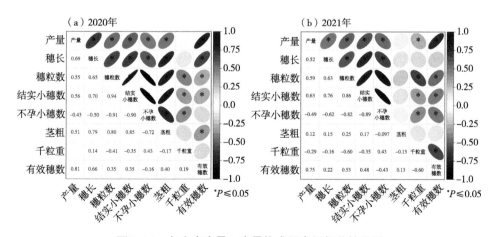

图3-11　冬小麦产量、产量构成要素间相关性分析

3.3 讨论

3.3.1 施氮和地下水埋深对作物生长属性的影响

地下水对冬小麦的影响主要通过作用土壤毛细孔隙向上补水（Barbeta et al.，2017；郭枫等，2008）和冬小麦生长环境（Dadgar et al.，2020；方正武等，2012）间的权衡来实现（王天宇等，2020；Zhang et al.，2018）。较浅地下水埋深补水路径短，能够提供作物充足水分，但同时土壤透气性差（吴江琪等，2018），影响根系生长（王晓红等，2006）、土壤动物与微生物活性（杨桂生等，2010；武海涛等，2008；Zhang et al.，2018）和植物生长环境（苏天燕等，2020），进而作用作物物质分配和最终产量形成（Imada et al.，2008；Fidantemiz et al.，2019）。本研究发现冬小麦株高、叶面积指数随地下水埋深变化明显受到施氮影响。不施氮冬小麦生长属性随地下水埋深增加显著增加，可能有两方面原因。一方面，不施氮条件下作物生长缺乏外源氮素供给，土壤—作物系统中氮素来源主要依靠包气带，较厚包气带不仅自身携带氮素多，存在的氧化环境也不利于反硝化反应，氮素损失量少（Li et al.，2021b），作物生长有更充足的氮素来源；另一方面，地下水埋深浅包气带含水量高，土壤透气性较差，形成的还原环境会诱发反硝化等反应造成氮素损失，作物缺氮，且水位高作物根系活动受限（王晓红等，2006），易遭受渍害威胁（马尚宇等，2019），最终影响作物生长。现有研究表明，存在作物生长最佳和产量最高的最优地下水位（Mueller et al.，2005；Gao et al.，2018；Kahlown et al.，2005；Zhang et al.，2019；刘战东等，2014），本研究与已有研究相近，但这一水位受施氮影响。可能是因为本试验地下水位处于临界地下水位以上，土壤—作物系统耗水以地下水为主（Huo et al.，2012；张晓萌等，2020）。低水位包气带垂向含水量差异大（Xia et al.，2016；巴比江等，2004），上下包气带水分交换困难，有限灌水下地下水对上包气带水氮运移形成顶托效应，高施氮量进一步增加了土壤氮素残留，不利于作物生长；高水位地下水与大气系统水分交换活跃，土壤含水量高，作物极易遭受渍害胁迫，容易造成植株矮化、叶片黄化和早衰等（马尚宇等，2019；Herzog et al.，2016；

Tiryakioglu et al.，2015），这在施氮不足时表现尤为明显，而增施氮肥在一定程度上可增加高水位处理株高、茎粗和叶绿素含量等生理生长指标，缓解渍害胁迫，以提升产量。

3.3.2 施氮和地下水埋深对冬小麦产量及其构成要素的影响

施氮和地下水埋深显著影响冬小麦产量及其构成要素的形成。已有研究表明（Zhang et al.，2018；方正武等，2012；柏菊等，2014），一定范围地下水埋深条件下，穗长、单位面积有效穗数和结实小穗数随地下水埋深增加而增加（Zhang et al.，2018），穗粒数、千粒重随地下水埋深增加先增加后减小或趋于稳定（Zhang et al.，2018），与本研究结果相近。但本研究还发现冬小麦构成要素随地下水埋深变化规律受施氮影响显著，高施氮量产量构成要素优势降低，进一步说明高施氮量并不一定有利于增产。地下水通过影响作物根系生长，进而影响作物的根冠关系和冠层光合作用，最终影响作物的水分利用效率和作物产量（郭枫等，2008）。产量对应最优地下水位明显受外在条件制约（Gao et al.，2017b）。本研究发现，最优地下水位随着施氮量增加有增加趋势，可能是因为增施氮肥有助于提高作物的抗渍害能力（Mueller et al.，2005；Ogola et al.，2005）。施氮能促进作物增产，但过量施氮会出现"报酬递减"现象。通过冬小麦籽粒产量与施氮量拟合曲线可见，施氮量为243.90kg/hm^{2}产量最高，这与已有研究结果相近（刘见等，2021；Si et al.，2020）。

从生产实践来看，本研究表明随着地下水埋深增加而继续增施氮肥，产量及产量增幅均由低肥（150~240kg/hm^2）的无显著差异到高肥（300kg/hm^2）的显著降低，说明地下水埋深越大，越具备减氮潜力。多年来，华北地区大量施肥和超采地下水灌溉以望获取高产，导致地下水位更大幅度降低（>1.5m）（杨会峰等，2021；Zhou et al.，2016），包气带逐年变厚，土壤当年当季氮残留量大，下茬作物种植本底含氮量高（Liang et al.，2020；Meng et al.，2016；Cui et al.，2013；Zhou et al. 2016），因此本研究结果对于华北地区减少施氮量具有现实实践意义。

3.3.3 施氮和地下水埋深对冬小麦品质的影响

氮素是谷物蛋白质合成的主要元素，施氮能增加籽粒蛋白质含量（Hlisnikovský et al.，2020；Lestingi et al.，2010），存在产量增加对籽粒蛋白质的稀释效应，但该效应以及施氮对谷物蛋白质作用受土壤水分胁迫、环境温度等影响（Garrido-Lestache et al.，2004；Ullah et al.，2019）。其中，水分显著作用籽粒蛋白质含量，是籽粒淀粉合成进而增产的重要作用因子（Ali et al.，2022；López-Bellido et al.，1998）。适宜土壤水分不仅有助于籽粒淀粉合成，还能提升氮肥的有效性进而增加产量；而土壤水分亏缺时，适宜施氮能够调节土壤水分，维持产量以及提升蛋白质含量（Ali et al.，2022；López-Bellido et al.，1998；孙梦等，2022）。本研究通过浅地下水埋深和施氮对冬小麦品质的影响研究表明，地下水埋深较大，土壤包气带较厚，作物容易遭受水分胁迫，导致作物无法吸收多余的营养元素，降低碳水化合物和淀粉含量，但蛋白质含量有所增加（Silva et al.，2020；Farooq et al.，2017）。籽粒蛋白质含量随地下水埋深增加而明显变大，但年际叠加施氮后变化趋于平缓；淀粉含量与蛋白质含量表现出显著负相关关系，与已有研究相近（Silva et al.，2020）。地下水埋深较小（0.6~0.9m）时，土壤水分供应充足，施氮显著促进冬小麦蛋白质合成，而施氮超过240kg/hm²差异不显著，但淀粉有明显降低趋势，Mariem et al.（2020）研究也有类似报道；地下水埋深较大（1.2~1.5m）时，施氮超过150kg/hm²冬小麦淀粉和蛋白质含量差异不显著，且年际间叠加施氮作用明显，这可能是因为连续施氮引起了土壤基础肥力变化（孙梦等，2022），说明浅地下水埋深下，存在适宜施氮量，在较大地下水埋深下应降低施氮量。灰分和脂肪也是反映冬小麦籽粒品质的重要指标，整体上较大埋深和高施氮量下冬小麦灰分明显高于其他处理，这可能与冬小麦根系生长有关（Mariem et al.，2020），而随着年际叠加施氮和地下水埋深处理的进行，灰分和脂肪含量均表现出极大变异性，这可能与环境因素有关。

3.3.4 冬小麦产量对作物生长属性的响应关系

株高、LAI是反映作物生长和产量形成的重要指标，土壤剖面水氮含量是反映作物正常生长的重要环境因子（Man et al.，2017；Cui et al.，2013）。已有研究表明，作物产量与株高、LAI显著相关（Xu et al.，2018），生物量在很大程度上依赖于LAI，LAI越高，产生的生物量就越多（Man et al.，2017）。本研究发现，较高的施氮量和水位处理（水分）具有更高的LAI和产量。相关性分析也表明，产量与叶面积指数和株高密切相关，说明适宜的施氮量和水位主要通过获取最佳的生长指标而增加产量，这与已有研究相近（Si et al.，2020）。

3.4 小结

（1）不同施氮处理下冬小麦生长指标和产量存在最佳地下水埋深，该埋深随施氮量增加和年际叠加施氮均逐渐减小。施氮0~150kg/hm²，株高、LAI、产量最大对应的最优地下水埋深为1.2~1.5m，施氮240~300kg/hm²最优地下水埋深为0.6~1.2m，其中LAI对应最优地下水埋深与其他埋深处理差异显著。

（2）施氮不足和施氮过量均不利于冬小麦生长和产量形成。0.6~0.9m埋深增施氮肥有助于冬小麦生长和产量形成，而地下水埋深超过1.2m，施氮150~240kg/hm²生长指标和产量较优。

（3）冬小麦蛋白质含量随施氮量和地下水埋深增加而增加，年际叠加施氮会缩小各地下水埋深处理间差距。对于0.6~0.9m埋深，增施氮肥有助于提升籽粒蛋白质含量，但施氮量超过240kg/hm²时作用效应较弱；而对于1.2~1.5m埋深，增施氮肥并不能显著促进籽粒蛋白质合成，施氮量可保持在150~240kg/hm²；籽粒淀粉与蛋白质含量呈显著负相关关系，增施氮肥不利于淀粉积累，籽粒淀粉含量随地下水埋深增加而明显下降，地下水埋深和施氮主要通过改善冬小麦穗部性状和有效穗数来增产。

4 地下水埋深与施氮对冬小麦水分利用的影响

4.1 概述

地下水对人类生存和农业发展至关重要，超过43%的灌溉水来源于地下水（Russo et al.，2017；Lian et al.，2022；Doell et al.，2012），尤其是浅层地下水，在可持续农业生产上发挥着显著作用，是区域水循环的主要构成部分和作物水分的重要来源之一（Liu et al.，2016b；Babajimopoulos et al.，2007）。地下水位浅埋藏区存在很多区域（Babajimopoulos et al.，2007），如干旱半干旱区域、华北平原黄河流域和灌区附近的农田等（Wang et al.，2022；Lai et al.，2022；Wang et al.，2009；Zhu et al.，2018）。浅层地下水主要通过土壤毛细孔隙和作物根系吸收上升补给作物和散失在大气中，参与农田水循环和影响作物生长及产量（Soylu et al.，2022；Liu et al.，2016b）。但一些情况下（不利的地下水埋藏深度），它会带来负面的农业生产和环境效应（Wang et al.，2016；Ibrahimi et al.，2013）。小麦是世界上重要的粮食作物，在中国，小麦播种面积约占20%（Liu et al.，2016a）。因此，研究浅层地下水对冬小麦生长、地下水利用和产量形成等具有重要意义。

浅层地下水作为农业生产的重要水源，地下水利用和作物耗水特性备受关注。但浅层地下水对作物生长、水分利用和产量形成的影响受诸多外界因素制约，如地下水埋藏深度、灌溉、降水、作物类型和盐分含量等（Babajimopoulos et al.，2007；Kahlown et al.，2005；Wang et al.，2016；

Ghamarnia et al.，2015）。对此，不少学者做了大量研究。如Kahlown et al.
（2005）通过蒸渗仪控制不同地下水埋深（0.5~3m埋深）发现，埋深0.5m
小麦和向日葵水分消耗的90%和80%来源于地下水，而甘蔗、甜菜和高粱不
能存活，小麦产量在1.5m埋深时最大，这是因为地下水埋深过浅和过深均
不利于作物生长。浅层地下水对作物生长、水分利用和产量品质等的影响
主要通过作物吸水和生长环境之间的平衡来实现（Zhang et al.，2018）。
地下水埋深过浅，根区土壤水分含量高，作物根系区形成低氧或厌氧环境
（Najeeb et al.，2015；Deng et al.，2021），作物遭受渍害（Zhang et al.，
2018），低氧和厌氧环境限制作物根系生长与存活，急剧改变土壤中的
碳氮形态，土壤有机质分解速率降低而积累，影响氮素矿化、作物氮素吸
收和触发相关化学反应，加速土壤营养元素流失等（Deng et al.，2021；
Ma et al.，2017；Langan et al.，2022；Barrett-Lennard et al.，2013；Li
et al.，2021b），从而影响作物生长和产量形成；地下水埋深过深，根系
层土壤含水量显著降低（Zhang et al.，2019），干旱引发土壤水分胁迫
（Han et al.，2015；Xu et al.，2013；Liu et al.，2017），同样不利于作
物生长。除此，Zhu et al.（2018）发现浅地下水埋深下干旱年（2.72m埋
深）、正常年（1.45m埋深）和湿润年（1.49m埋深）地下水对冬小麦蒸腾
的贡献率分别为58%、47%和69%。Wang et al.（2016）等研究表明同一
地下水埋深（1.5~3.5m埋深），上层含有粉粒的沙性土壤地下水蒸发速
率高于沙性土壤；灌溉降雨会降低地下水蒸发速率（Wang et al.，2016；
Yang et al.，2000），浅地下水埋深（1.1~2.7m埋深）亏缺灌溉产量没有
显著降低（Gao et al.，2017a），而充分灌溉地下水埋深和矿化度的增加会
降低地下水贡献、种子油产量和水分利用效率（Ghamarnia et al.，2015）
（0.6~1.1m埋深）。针对浅地下水埋深，现有研究多结合地面灌溉、地
下水盐分含量等展开。然而，化肥作为农业生产不可或缺的重要养分，尤
其施氮是促进作物生长和产量形成的关键因素（Zhang et al.，2011；Chen
et al.，2014；Kumar et al.，2022）。为保持作物高产，减少日趋严峻的水
资源短缺问题，施氮与水分耦合应用一直是人们关注的热点（Javed et al.，
2022；Li et al.，2021a）。但在浅地下水埋深条件下，施氮量是否会影响作
物生长、水分利用和产量形成，鲜有报道。

合理的施氮量是提升作物产量，实现农业绿色高效发展的重要途径（Liu et al.，2022；Deng et al.，2020；张嫚等，2017）。但不合理施氮，尤其是过量施氮不利于协调土壤C/N的组成和数量（Ren et al.，2019；Qiu et al.，2016），降低土壤质地和土壤微生物群落结构（Ren et al.，2019；Wu et al.，2021；Treseder，2008），极大增加农田氮素残留和降低氮肥利用率（张亦涛等，2018），最终限制作物生长和产量形成（Yan et al.，2015）。此外，还会产生一系列环境问题，如温室气体大量排放、土壤酸化和地下水硝态氮污染等（Guo et al.，2010；Yu et al.，2019；胡春胜等，2018；Cui et al.，2018）。因此，合理施氮对促进农业可持续发展和环境保护具有重要意义，现有研究多从地面灌溉探究合理施氮区间。如周加森等（2019）发现畦灌施氮240kg/hm^{2}冬小麦干物质积累和产量均较优；Si et al.（2020）研究表明滴灌施氮超过240kg/hm^{2}则不利于冬小麦生长和水分利用；Kumar et al.（2022）认为炎热干旱地区及类似农业区域，棉花灌水600mm而施氮225kg/hm^{2}作物生长、产量较优；吉艳芝等（2014）报道210～270kg/hm^{2}施氮和140～215mm灌水是一种高效水氮管理模式；Sun et al.（2018）研究表明灌水200mm和施氮200kg/hm^{2}冬小麦和夏玉米水氮利用较优。基于农业生产和环境效应，Huang et al.（2018）认为冬小麦和夏玉米当季施氮量分别为190kg/hm^{2}和150kg/hm^{2}可平衡农业生产和环境效应。地面灌溉施肥水肥依托重力向下运移，供给作物吸收利用，而浅地下水埋深区，地下水通过土壤和作物根系吸收向上运移，施肥从地表施入，水肥如何影响作物生长、地下水消耗和产量？相关报道很少。作物生长、地下水消耗和产量与不同地下水埋深和不同施氮量多种组合的响应关系也尚不清楚。因此，为保证农业可持续发展与合理施氮减轻环境氮负荷，浅地下水埋深条件下探究施氮对作物生长、水分消耗和产量形成的影响十分必要。基于此，本研究通过Lysimeter控制地下水埋深和种植冬小麦，旨在研究不同地下水埋深和施氮对冬小麦各生育期地下水消耗和水分利用效率的影响，明确地下水的消耗规律和作物需水特征，探究适宜的施氮水平，为浅地下水埋深区制定合理的灌水施肥制度提供参考，为促进农业生产提供理论支撑。

4.2 结果与分析

4.2.1 冬小麦生育期地下水日均消耗速率

由图4-1可见，冬小麦播种后，地下水日均消耗速率逐渐降低并维持低值水平（0.33mm/d），越冬期几乎不消耗（0.17mm/d）；返青期日蒸散速率开始上升，拔节期经历第一个峰值，其后孕穗至开花期地下水消耗速率达到最大；灌浆期出现了两次峰值，灌浆后期及成熟期持续下降。

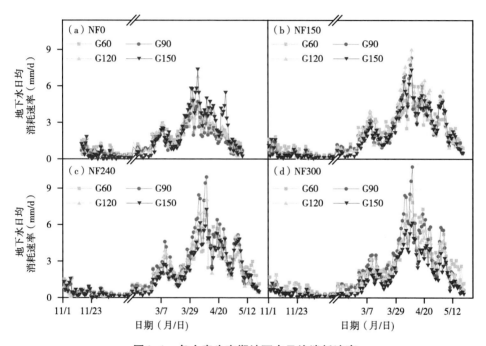

图4-1 冬小麦生育期地下水日均消耗速率

4.2.2 地下水埋深对冬小麦日均地下水耗散规律的影响

由图4-2可见，苗期至返青期和成熟期冬小麦日均地下水消耗速率随地下水埋深增加而降低，G1处理显著高于G4处理。拔节至灌浆期，各施氮处理存在对应日均地下水消耗速率最大的最优地下水埋深，分别为NF0G4、NF150G3、NF240G2和NF300G1、NF300G2，其速率均于拔节后期（3月

28—30日）开始显著增加；其中，NF0施氮下G4处理在孕穗至灌浆期日均地下水消耗速率显著高于G1、G2、G3处理（图4-2a），尤其是灌浆期第二个峰值期，相较于G1、G2、G3处理，G4处理日均地下水消耗速率平均高出85.90%～127.97%；NF150、NF240、NF300施氮下最优地下水埋深日均地下水消耗速率在抽穗期显著高于其他埋深处理（图4-2b～d），灌浆期第二个水分高峰期，G1处理日均地下水消耗速率上升幅度均较小，但随施氮量的增加G1处理与其余埋深处理间的差异逐渐缩小，其中NF240施氮下G2、G3、G4处理显著高于G1处理，平均高出29.20%～40.71%。

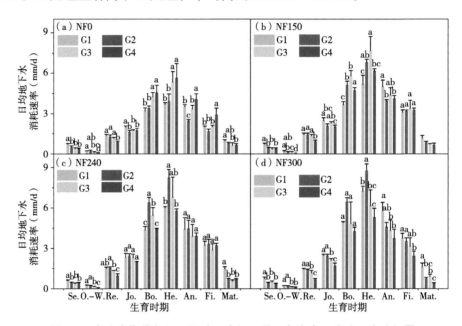

图4-2 各生育期施氮组不同地下水埋深处理冬小麦日均地下水消耗量

注：Se., O.-W., Re., Jo., Bo., He., An., Fi.和Mat.分别表示苗期、越冬期、返青期、拔节期、孕穗期、抽穗期、开花期、灌浆期和成熟期，不同小写字母表示不同处理间差异显著，$P<0.05$，下同。

4.2.3　施氮对冬小麦日均地下水耗散规律的影响

由图4-3可知，G1、G2、G3、G4埋深下各施氮处理间日均地下水消耗速率差异随地下水埋深增加而减小。拔节至成熟期G1埋深下各施氮处理表

现为NF300>NF150、NF240>NF0（$P<0.05$），差异显著；拔节至抽穗期G2
埋深下各施氮处理表现为NF300>NF150、NF240>NF0（$P<0.05$），差异显
著；G3、G4埋深下各施氮处理间日均地下水消耗量差异较小，日均地下水
消耗量在NF150处理最高。

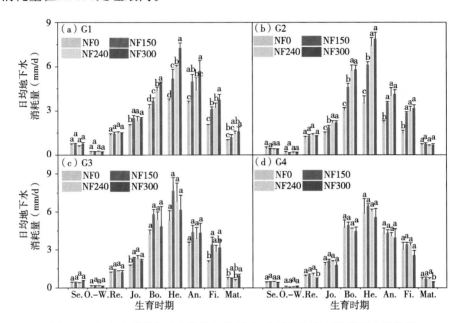

图4-3　各生育期地下水埋深组不同施氮处理冬小麦日均地下水消耗量

注：不同小写字母表示不同处理间差异显著，$P<0.05$。

4.2.4　冬小麦水分消耗

由图4-4a可知，冬小麦灌浆期地下水消耗量占比最大，为26%～37%，
有随地下水埋深增加而增加的趋势，NF0施氮组各地下水埋深处理表现明
显。G1、G2埋深下NF150、NF240、NF300处理灌浆期耗水比例明显高于
NF0处理。G1、G2埋深相较于G3、G4埋深处理冬小麦地下水在孕穗期及其
之前消耗较多，为49.37%～59.37%，随施氮量增加差异缩小。

由图4-4b可知，全生育期地下水消耗量（GC）为205.95～349.73mm，占
冬小麦实际蒸发蒸腾量（ETa）的48.54%～63.43%。施氮处理0～300kg/hm²
4个梯度GC和GC/ETa最大值对应地下水埋深分别为G4、G3、G2和G1，该
地下水埋深有随施氮量增加呈减小趋势。NF0施氮下G1、G4处理GC显著高

于G2、G3处理；NF240施氮下G1、G2、G3处理GC显著高于G4处理，分别高出16.55%、23.88%和7.65%；NF300施氮下G1、G2处理GC和GC/ETa显著高于G3、G4处理，平均分别高出34.12%和14.62%。

由图4-4b可知，NF150、NF240、NF300施氮冬小麦ETa对应最大地下水埋深分别为G3，G2和G2，G1、G2、G3处理ETa显著高于G4处理，平均分别高出11.19%、11.91%和26.94%。G1埋深下GC和GC/ETa随施氮增加而增加，NF300>NF150、NF240>NF0（$P<0.05$）；G2埋深下GC和GC/ETa表现为NF240、NF300>NF150>NF0（$P<0.05$）；G3、G4埋深下GC、ETa和GC/ETa随施氮增加先增加后减小，最大值均为NF150处理，对应GC和ETa在G3埋深下NF150、NF240、NF300处理显著高于NF0处理，平均分别高出25.38%～37.18%和12.97%～17.50%。

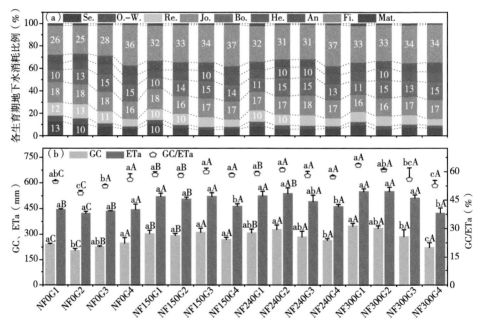

图4-4　冬小麦各生育期地下水消耗比例、地下水消耗量（GC）、实际蒸发蒸腾量（ETa）和地下水消耗量占实际蒸发蒸腾量比例

注：Se.，O.-W.，Re.，Jo.，Bo.，He.，An.，Fi.和Mat.分别表示苗期、越冬期、返青期、拔节期、孕穗期、抽穗期、开花期、灌浆期和成熟期。不同小写字母表示同一施氮条件下，不同地下水埋深间差异显著，$P<0.05$；不同大写字母表示同一地下水埋深下，不同施氮量处理间差异显著，$P<0.05$，下同。

4.2.5　水分利用效率

由图4-5可知，NF0施氮下WUE随地下水埋深增加而增加，G4处理WUE和GWUE显著高于G1、G2、G3处理，分别高出36.31%～54.87%和20.22%～51.61%；NF150施氮下G2、G3、G4处理WUE和GWUE均显著高于G1处理，平均分别高出28.43%和27.71%；而NF300施氮下G1、G2处理WUE相较于G4处理则显著降低。

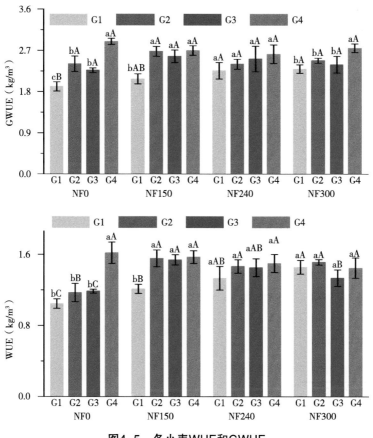

图4-5　冬小麦WUE和GWUE

注：图中WUE为水分利用效率（Water use efficiency），GWUE为地下水水分利用效率（Groundwater use efficiency）。不同小写字母表示同一施氮量下，不同地下水埋深处理间差异显著，不同大写字母表示同一地下水埋深条件下，不同施氮处理间差异显著（$P<0.05$）。

由图4-5可知，G1埋深下WUE和GWUE随施氮量增加而增加，其中NF300、NF150、NF240、NF0处理间WUE差异显著，相较于NF150、NF240处理，NF300处理WUE平均高出14.81%；G2埋深下NF150、NF240、NF300处理WUE显著高于NF0处理；G3埋深下WUE均表现为NF150>NF240、NF300>NF0（P<0.05），相比NF240、NF300处理，NF150处理WUE平均高出10.67%；G4埋深下各施氮处理差异不显著（图4-5）。由表4-1可见，施氮（P<0.01）对产量的影响强于地下水深度（P<0.05），施氮量与地下水埋深对冬小麦生长、日均地下水消耗、全生育期耗水量、WUE和GWUE均存在显著交互作用。

表4-1　冬小麦株高、叶面积指数、产量和水分利用的双因素方差分析

因素	生育期Gv/GC			产量	ETa	WUE	GWUE
	So.-Re.	Jo.-Fi.	Mat.				
WTD	**	ns	**	*	**	**	**
NF	ns	**	ns	**	**	**	ns
NF × WTD	ns	**	**	**	**	**	**

注：So.代表播种期；*表示P<0.05，**表示P<0.01，ns表示处理间差异不显著。下同。

4.2.6　Pearson相关性分析

由图4-6可见，冬小麦株高、叶面积变化与产量形成和水分利用显著相关。拔节期、开花期株高与LAI、地下水消耗量和产量显著正相关，LAI与地下水消耗量、蒸发蒸腾量、产量及水分利用效率显著正相关，地下水消耗量与产量呈显著正相关。

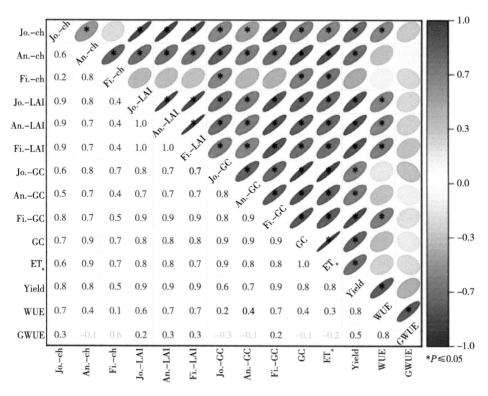

图4-6　相关性分析图谱

注：Jo.-ch、An.-ch、Fi.-ch分别表示拔节期、开花期和灌浆期株高，Jo.-LAI、An.-LAI、Fi.-LAI分别表示拔节期、开花期和灌浆期LAI，Jo.-GC、An.-GC、Fi.-GC分别表示拔节期、开花期和灌浆期地下水消耗量。

4.2.7　多元回归分析

选取冬小麦各生育期生长指标作为第一部分（part Ⅰ），分别为$X1$（返青期株高）……$X6$（成熟期株高）、$X7$（拔节期LAI）……$X10$（灌浆中期LAI）；选取冬小麦各生育期地下水消耗量指标为第二部分（part Ⅱ），分别为$Y1$（苗期）……$Y9$（成熟期）；选取GC、产量、WUE分别作为回归模型中的因变量Z_{GC}、Z_{yield}和Z_{WUE}，进行多元逐步回归分析，以选出对冬小麦产量和水分利用影响最大阶段的生长属性和水分贡献指标，结果见表4-2。

表4-2 产量（yield）、WUE、GC对冬小麦生长和水分利用指标的多元回归方程

指标	X	Y
yield	$Z=13.50X9+37.15$（$R^2=0.80**$）	$Z=-0.49Y4+0.82 \cdot Y5+0.63Y8+21.21$ （$R^2=0.95**$）
WUE	$Z=0.022X10+0.14$（$R^2=0.45**$）	$Z=-0.002Y1-0.001Y4+0.001Y8+0.17$ （$R^2=0.88**$）
GC	$Z=14.43X4+12.86 \cdot X8-576.92$ （$R^2=0.80**$）	—

由表4-2可知，生长指标中$X4$（开花期株高）、$X8$（开花期LAI）、$X9$（灌浆初期LAI）、$X10$（灌浆中期LAI）和水分利用指标中的$Y1$（苗期）、$Y4$（拔节期）、$Y5$（孕穗期）和$Y8$（灌浆期）对冬小麦产量和水分利用效率作用显著。

4.2.8 主成分分析与施氮和地下水埋深组合处理评价得分

选取4.2.7回归分析中显著影响产量、WUE和GC的冬小麦生长、地下水消耗指标、水分利用指标进行主成分分析，以针对冬小麦生长、水分利用和产量指标获取较优的施氮和地下水埋深组合，结果见表4-3。

表4-3 生长指标、水分利用和产量指标的主成分分析

项目	主成分分析	
	1（$S1$）	2（$S2$）
An.-ch	0.847	0.288
An.-LAI	0.959	-0.064
Fi.-LAI	0.970	-0.063
Mat.-Fi.-LAI	0.853	-0.272
So.-GC	-0.091	0.929
Jo.-GC	0.802	0.551

（续表）

项目	主成分分析	
	1（S1）	2（S2）
Bo.-GC	0.867	−0.232
Fi.-GC	0.940	0.056
GC	0.904	0.405
Yield	0.954	−0.197
ETa	0.872	0.465
WUE	0.670	−0.676
GWUE	0.246	−0.938
特征值	8.592	3.144
贡献率（%）	66.091	24.186
累积贡献率（%）	66.091	90.276

利用KMO和Bartlett检验数据用于主成分分析的可行性。分析结果可知KMO=0.555，Bartlett球形检验显著（Bartlett's test of sphericity，$P<0.05$），说明能进行主成分分析。基于特征值>1标准选出两个主成分。由表4-3可知，第1主成分的特征值为8.592，贡献率为66.09%，第2主成分的特征值为3.144，贡献率为24.18%；主成分1主要反映冬小麦生长、地下水消耗和产量指标，主成分2主要反映冬小麦水分利用效率指标，两个主成分的累积贡献率达到了90.276%。

不同施氮地下水埋深组合处理的综合评价得分计算方法为，首先将主成分数据标准化，然后以各主成分方差贡献率为权重构建不同施氮地下水埋深组合处理的综合评价得分函数：$S=0.786 S1+0.214 S2$，最后根据得分函数获取各组合处理得分和排名，结果见表4-4。

表4-4 施氮和地下水埋深组合处理评价得分

处理	因子得分		得分	排序
	$S1$	$S2$		
NF0G1	−5.297	2.787	−3.131	15
NF0G2	−5.505	−0.243	−4.096	16
NF0G3	−3.596	0.026	−2.626	14
NF0G4	−1.383	−2.707	−1.738	12
NF150G1	−0.333	3.224	0.620	9
NF150G2	1.336	−0.766	0.773	8
NF150G3	3.059	−0.666	2.061	4
NF150G4	0.623	−1.886	−0.049	11
NF240G1	0.646	1.688	0.925	5
NF240G2	3.165	0.484	2.447	3
NF240G3	1.414	−0.688	0.851	7
NF240G4	−0.085	−1.502	−0.465	10
NF300G1	3.156	2.242	2.911	1
NF300G2	3.939	0.095	2.909	2
NF300G3	1.081	0.370	0.891	6
NF300G4	−2.220	−2.457	−2.283	13

由表4-4可知，综合得分排名前4的组合处理分别为NF300G1、NF300G2、NF240G2和NF150G3，4个组合处理下冬小麦生长、产量和对地下水利用等综合指标均较优，且不难发现4种组合处理中，随着地下水埋深的增加，施氮量逐渐减少。

4.2.9 冬小麦日地下水消耗数值拟合

利用三次函数与分段二次函数分别对冬小麦地下水日均消耗速率进行拟合，结果见图4-7。拟合曲线相关参数见表4-5和表4-6。

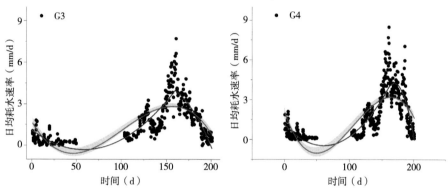

图4-7　三次函数拟合、分段二次函数拟合下冬小麦地下水日均耗水速率
（以NF0施氮组为例）

注：红线表示分段二次函数拟合曲线，蓝线表示三次函数拟合曲线。

表4-5　三次函数拟合系数值

NF	WTD	a	$b \cdot t$	$c \cdot t^2$	$d \cdot t^3$	R^2	t-min	Gv-min	t-max	Gv-max
NF0	G1	1.850 7	−0.089 9	0.001 2	−3.99E−06	0.63	47.55	−0.072 4	158.01	2.616 2
	G2	1.434 8	−0.079 2	0.001 1	−3.72E−06	0.55	45.76	−0.198 3	155.17	2.235 1
	G3	1.699 6	−0.109 3	0.001 5	−5.01E−06	0.52	46.19	−0.577 2	157.34	2.863 0
	G4	2.116 0	−0.140 0	0.001 8	−5.68E−06	0.52	49.78	−1.017 3	164.91	3.318 4
NF150	G1	2.239 1	−0.121 1	0.001 6	−5.10E−06	0.63	48.47	−0.404 3	163.16	3.445 7
	G2	2.002 0	−0.130 1	0.001 8	−5.72E−06	0.54	46.87	−0.751 9	161.61	3.570 8
	G3	2.172 6	−0.151 2	0.002 1	−6.69E−06	0.52	46.61	−1.013 2	161.65	4.079 4
	G4	2.074 9	−0.137 8	0.001 8	−5.64E−06	0.58	49.04	−0.970 9	165.96	3.539 1

（续表）

NF	WTD	a	$b \cdot t$	$c \cdot t^2$	$d \cdot t^3$	R^2	t-min	Gv-min	t-max	Gv-max
NF240	G1	2.028 9	−0.117 3	0.001 6	−4.99E−06	0.63	47.53	−0.490 6	164.73	3.529 4
	G2	2.294 1	−0.156 7	0.002 2	−7.06E−06	0.52	46.39	−0.988 0	159.50	4.119 9
	G3	1.950 0	−0.132 5	0.001 9	−6.03E−06	0.52	45.84	−0.796 9	159.90	3.675 6
	G4	2.114 2	−0.134 2	0.001 8	−5.44E−06	0.58	49.47	−0.876 1	166.21	3.451 5
NF300	G1	2.427 9	−0.137 6	0.001 8	−5.65E−06	0.58	48.47	−0.583 9	167.41	4.171 2
	G2	2.390 0	−0.164 8	0.002 3	−7.28E−06	0.51	46.85	−1.095 5	161.06	4.326 2
	G3	2.115 0	−0.133 5	0.001 8	−5.66E−06	0.53	47.95	−0.774 2	163.91	3.642 2
	G4	1.914 5	−0.125 9	0.001 7	−5.22E−06	0.52	49.48	−0.885 1	162.58	2.890 5

注：a、b、c和d分别表示三次函数拟合系数，t表示时间，t-min和t-max分别表示拟合方程生育期内地下水消耗速率最低和最高时所用时间，下同。

表4-6　分段二次函数拟合系数值

NF	WTD	$a \cdot t^2$	$b \cdot t$	c	$a1 \cdot t^2$	$b1 \cdot t$	$c1$	R^2	t-min	Gv-min	t-max	Gv-max
NF0	G1	0.000 31	−0.037	1.30	0.000 4	−0.23	28.96	0.78	58.60	0.22	162.20	3.59
	G2	0.000 18	−0.018	0.75	−0.001 9	0.63	−47.95	0.67	49.08	0.31	162.30	2.89
	G3	0.000 42	−0.049	1.11	−0.001 3	0.37	−21.97	0.73	58.58	−0.32	160.00	4.06
	G4	0.000 44	−0.054	1.18	−0.004 3	1.46	−119.79	0.71	61.04	−0.47	169.44	4.24
NF150	G1	0.000 33	−0.037	1.30	−0.003 1	1.02	−80.69	0.77	55.95	0.26	166.21	4.41
	G2	0.000 21	−0.018	0.71	−0.004 1	1.36	−108.04	0.74	44.38	0.30	165.78	4.92
	G3	0.002 31	−0.245	2.99	−0.001 5	0.44	−28.25	0.19	53.00	−3.50	148.25	4.72
	G4	0.000 28	−0.032	0.86	−0.004 1	1.37	−109.88	0.81	55.41	−0.02	166.78	4.72
NF240	G1	0.000 44	−0.050	1.34	0.001 6	−0.67	72.90	0.78	57.54	−0.11	165.98	5.02
	G2	0.001 93	−0.216	3.01	−0.001 5	0.47	−30.61	0.35	56.07	−3.05	151.43	4.71
	G3	0.001 40	−0.125	1.48	−0.000 7	0.21	−12.00	0.36	44.60	−1.30	145.82	3.66
	G4	0.000 29	−0.032	0.95	−0.003 9	1.30	−103.81	0.79	56.68	0.03	166.87	4.51

（续表）

NF	WTD	$a \cdot t^2$	$b \cdot t$	c	$a1 \cdot t^2$	$b1 \cdot t$	$c1$	R^2	t-min	Gv-min	t-max	Gv-max
	G1	0.000 29	−0.032	1.22	−0.003 9	1.29	−102.44	0.77	53.96	0.36	166.63	5.28
NF300	G2	0.001 84	−0.213	3.12	−0.001 5	0.47	−31.50	0.40	57.87	−3.04	153.69	4.64
	G3	0.000 27	−0.028	0.91	−0.004 0	1.33	−105.72	0.73	52.66	0.17	165.90	4.64
	G4	0.000 26	−0.031	0.84	−0.003 5	1.16	−92.32	0.76	58.55	−0.07	165.39	3.97

注：a、b和c分别表示分段拟合方程最大速率左侧段方程拟合系数，$a1$、$b1$和$c1$分别表示分段拟合方程最大速率右侧段方程拟合系数，t-min和t-max分别表示拟合方程生育期内地下水消耗速率最低和最高时所用时间，下同。

由表4-5可知，三次函数拟合曲线表明地下水日消耗速率在越冬期消耗达到最小值，在抽穗至开花期达到最大值，地下水日消耗速率从播种到其达到最小和最大用时分别为45.84～49.78d和155.17～167.41d。由表4-6可知，二次分段函数拟合曲线表明地下水日消耗速率达到最小值和最大值分别用时44.38～61.04d和145.82～169.44d。两种拟合结果均表明NF0、NF150、NF240施氮组G4埋深处理用时均较长，而NF300施氮G1埋深用时较长，这可能是因为高施氮量下在土壤水分亏缺条件下容易加深土壤干旱，引起作物早熟而提前到达地下水用水高峰。三次函数拟合结果表明NF0、NF150、NF240、NF300施氮组中对应耗水速率最大的地下水埋深处理分别为G4、G3、G2和G2，分段二次函数拟合结果显示为G4、G2、G1和G1，均有随施氮量增加而降低的趋势。但两种拟合方式冬小麦最高耗水速率整体均偏低，分段二次函数拟合数值波动相对较小，整体较优。

4.3　讨论

地下水埋深大小是影响作物水分利用的重要因素，现有研究指出作物地下水消耗量随地下水埋深增加而降低（Yang et al.，2011），但也有研究指出，地下水水位与作物根区水分的消耗呈非线性关系（Gou et al.，2020）。本研究发现冬小麦地下水消耗量受施氮影响显著，存在最优地下水埋深且随施氮量增加而降低，这与Gou et al.（2020）研究相近。但该最优地下水埋深并非一开始就出现，受地下水埋深和施氮作用，其消耗速率在拔节后期开始显著高于其他埋深处理，且地下水埋深、施氮对冬小麦各生育阶段地下水日消耗速率的作用效应不同。苗期到返青期，地下水埋深对地下水消耗速率作用显著，地下水消耗速率随埋深增加而减小，施氮作用不显著。主要是因为苗期到返青期冬小麦冠层覆盖度小，平均气温低，根系处于生长发育阶段（王晓红等，2006），水肥需求量小，作物耗水以地表蒸发为主（Xu et al. 2013；Zhao et al.，2013）。因此，地下水埋深越浅，向上补水路径越短，水分消耗量越大。进入拔节期，经过灌水追肥的传统农业生产习惯，受冬小麦需水量快速增加和温度升高的叠加效应，地下水日消耗速率显著上升，在孕穗至抽穗期达到最大，这与张晓萌等（2020）报道日消耗速率在灌浆期最大不同，可能是因为灌溉和气象条件的累积效应不同所致，但地下水累计消耗量在灌浆期最大，占全生育期地下水消耗量的49.37%～59.37%。拔节后期到灌浆期结束，施氮、施氮与地下水埋深交互作用显著影响日均地下水消耗，不施氮下1.5m处理显著高于0.6～0.9m处理，尤其是灌浆期第二个峰值区，1.5m埋深处理地下水日消耗速率大幅增加，而0.6～0.9m埋深增幅较小，主要是因为1.5m埋深较大，根系有更充足的生长空间，根系分支和密度增多，同层根系生物量增加（刘战东等，2010；Liu et al.，2011；王晓红等，2006），而0.6～0.9m（<1.0m）埋深根系处于低氧或厌氧环境，Soylu et al.（2014）研究表明0.8～1.0m埋深是地下水产生厌氧胁迫的临界埋深，因此冬小麦生长可能受到抑制（Deng et al.，2021；Gou et al.，2020），水分吸收量显著下降，尤其是0.6m埋深表现明显，导致产量下降。增施氮肥有效促进了0.6～0.9m埋深地下水消耗，地下水日消耗速率随施氮量增加而增加。主要因为拔节至灌浆期，作物需水需肥量大，0.6～0.9m埋深小（<1.0m），水分供应充足，氮肥作为作物主要的营养元素，外源施氮增加了作物有效养分供给，能够在一定程度上缓解和补充高水位对冬小麦产生的渍害胁迫和氮素反硝化等损失（Li et al.，2021b；Zhang et al.，2022），充足水肥有助于0.6～0.9m埋深冬小麦生长和地下水利用，进而促进作物生长和产量形成。然而施氮量并非越高越好，对于1.2～1.5m埋深，施氮量>150kg/hm^2，地下水日消耗速率呈下降趋势，可能是因为有限灌水下，地下水埋深较大上层土壤水分来不及补充，高施氮量显著增加了土壤无机氮含量（Zhang et al.，2020；She et al.，2022），加深了土壤干旱（王西娜等，2016；She et al.，2022），水少氮多致使冬小麦水肥供应失衡，水分胁迫限制了氮素有效性（Gu et al.，2015），高施氮量反而抑制了冬小麦生长（Liu et al.，2018；Rasmussen et al.，2015），降低了水分吸收，导致减产。冬小麦进入成熟期，叶片干黄，绿叶面积明显下降，根系活性极大降低，作物停止生长，施氮和地下水埋深对地下水消耗的作用机理与苗期至返青期相近。

地下水消耗量是作物蒸发蒸腾量的重要组成部分，已有研究表明，灌水100~500mm地下水埋深0.5~1.5m作物蒸发蒸腾量为499.33~660mm（顾南等，2021；Karimov et al.，2014；Gao et al.，2018），作物（冬小麦）地下水消耗量占比为29%~90%（刘战东等，2010；Fidantemiz et al.，2019；Kahlown et al.，2005；Huang et al.，2016；Karimov et al.，2014；Huo et al.，2012）。本研究发现，灌水194.96mm地下水埋深0.6~1.5m作物蒸发蒸腾量为424.13~552.09mm，冬小麦地下水消耗量占蒸发蒸腾量的48.54%~63.43%，与已有研究相近（Gao et al.，2018；Huo et al.，2012；Kahlown et al.，2005），其中NF300处理冬小麦地下水消耗量占蒸发蒸腾量比例随地下水埋深增加而减少，这与Gao et al.（2018）、Ghamarnia et al.（2011）研究相近，其他施氮组地下水埋深间差异较小。冬小麦水分利用效率受施氮量影响显著，施氮0~150kg/hm²，较大地下水埋深（1.5m）处理WUE和GWUE显著高于较浅地下水埋深（0.6m）处理，这与Huo et al.（2012）、Liu et al.（2011）等研究相近，而施氮240~300kg/hm²下各地下水埋深处理间无显著差异，进一步说明有限灌溉条件下，增施氮肥有利于提升高水位作物水分利用效率，而低水位则应适当降低施氮量。

4.4 小结

（1）施氮和地下水埋深显著影响冬小麦地下水日消耗速率，但作用效应受生育阶段影响。生育期前期和生育末期（苗期至返青期、成熟期），地下水埋深作用显著，施氮作用不显著；生育关键期（拔节至灌浆期），施氮作用显著，地下水埋深通过与施氮的交互作用显著促进冬小麦地下水日消耗量，地下水埋深作用不显著。生育中期（拔节至灌浆期）增施氮肥有助于0.6～0.9m埋深地下水日消耗速率，而地下水埋深>1.2m，高施氮量（150～240kg/hm²）不利于地下水消耗速率。利用三次函数和分段二次函数拟合能够较准确预测冬小麦地下水消耗速率达到极值的时间。

（2）全生育期地下水消耗量205.95～349.73mm，占冬小麦蒸发蒸腾量48.54%～63.43%；施氮240～300kg/hm²下0.6～0.9m埋深处理地下水消耗量显著高于1.5m埋深处理；0.6～0.9m埋深下施氮300kg/hm²地下水消耗量和地下水消耗占比显著高于150kg/hm²施氮处理，平均分别高出14.67%和6.99%，而1.2～1.5m埋深下施氮150kg/hm²地下水消耗量、蒸发蒸腾量和地下水消耗量占冬小麦蒸发蒸腾比例较优。地下水消耗量、蒸发蒸腾量和地下水占冬小麦蒸发蒸腾比例对应最优地下水埋深均随施氮量增加而降低，该最优地下水埋深对应地下水消耗速率从拔节后期开始出现。

（3）施氮能够提高冬小麦的环境抗逆能力和调动冬小麦对0.6～0.9m埋深地下水的利用，而当地下水埋深>1.2m时增加施氮量（>150kg/hm²）不利于作物生长，产量显著下降。其中，相比150～240kg/hm²施氮处理，0.6m埋深下300kg/hm²施氮处理WUE平均显著高出14.81%；而在1.2m埋深下相比240～300kg/hm²处理，150kg/hm²处理WUE平均显著高出10.67%。

综上所述，地下水埋深和施氮对冬小麦生长、产量形成和水分利用具有显著的耦合作用，存在随施氮量增加而降低的最优地下水埋深。但对于较大的地下水埋深（>1.2m），高施氮量（300kg/hm²）反而抑制作物生长，不利于水分利用和产量形成，而减少20%～50%施氮量则相对有利。浅层地下水对作物水分利用和产量的影响很可能包含氮素贡献，在浅地下水埋深区有待挖掘地下水对作物生理生长和相关元素的互作机制，如作物根系在地下水、土壤接触界面氮素的吸收机理，氮素在水土界面的赋存形态、与环境功能响应特征及作用机制等方面进行深度剖析等。

5 地下水埋深与施氮对冬小麦干物质及氮素转运和氮素利用的影响

5.1 概述

施氮是提高作物产量的主要措施，一定范围内增施氮肥能够提升作物籽粒产量、品质和氮肥利用效率（李莎莎等，2018），但当施氮量超出一定阈值后，尤其是农户为追求高产，大量增施氮肥，不仅不会增加作物产量，反而降低作物氮素利用率和产量，引起土壤氮素积累、土壤酸化和地下水氮污染等环境问题（Guo et al.，2010；Dai et al.，2015）。因此，施氮对作物的物质积累转运以及作物养分利用效率引发关注，现已开展大量研究。Li et al.（2017）认为超过最优施氮量后施氮并不能显著增加玉米产量，反而降低了氮素利用率；张邦喜等（2019）研究表明玉米—小麦间套作体系施氮0～236.25kg/hm^2，植株氮素积累量、籽粒产量随施氮量增加而增加，超过236.25kg/hm^{2}施氮量呈下降趋势；孔丽婷等（2021）研究发现施氮270kg/hm^{2}开花期和成熟期地上部干物质积累量均最大；吕广德等（2020）研究表明施氮180kg/hm^{2}配以450m^3/hm^{2}灌水显著提高小麦干物质和氮素积累量，并促进了干物质和氮素向籽粒运输，相比高水肥处理有效提升了氮素利用效率；张丽霞等（2021）研究表明滴灌条件下3次灌水施氮240kg/hm^{2}促进了冬小麦营养器官干物质和氮素的积累与转运，有助于实现小麦高产高效；Tan et al.（2021）在干旱地区进行试验发现，与当地传统灌溉、施肥相比，减少灌溉和施肥分别至192mm、180N kg/hm^2，春小麦水氮吸收虽有所降低，但提升了水氮利用效率；Hooper et al.（2015）研究表明分施、晚施氮肥能够提升产量和氮肥利用效率；Yan et al.（2022）通过研究滴灌施肥发现，冬小麦花后干物质积累量及其对地上部干物质的贡献随施肥增加而增加，轻度亏缺灌溉和125-84-108kg/hm² N-P$_2$O$_5$-K$_2$O处理通过增加花后干物质的转运和积累来提升冬小麦产量；Rathore et al.（2017）发现喷灌条件下小麦氮素利用效率随灌水量减少和施氮量增加而降低。以上可见，施氮对冬小麦的物质积累、转运和氮肥利用均有显著影响，施氮量并非越高越好，然而当前研究多集中于地面灌溉与施肥（施氮）对作物的组合效应上，针对不同浅地下水埋深条件下施氮如何作用作物物质积累和转运，相关研究较少。

在地下水埋深较浅地区，地下水是作物水分利用的重要来源（Wang et al.，2022；Lai et al.，2022；Wang et al.，2009；Zhu et al.，2018）。不同于地面灌溉，地下水受大气辐射和作物生长产生的蒸腾拉力进入土壤，转化为土壤水后受土壤水势、作物生长发育等作用在土体、大气和作物中被消耗（郭枫等，2008；王晓红等，2006）。地下水埋深不仅影响作物对水分的吸收利用，还影响作物的生长环境状况，进而作用作物地上部物质积累、转运和产量的形成以及养分的吸收利用效率（Zhang et al.，2018；Ibrahimi et al.，2013；Wang et al.，2016；Lian et al.，2022）。孙仕军等（2020）研究发现拔节期、灌浆成熟期夏玉米茎、叶干物质量随地下水埋深增加先减小后增加，在2.0m埋深时最小；亢连强等（2007）进行不同地下水埋深的再生水灌溉试验表明冬小麦干物质量在2.0m埋深最高；Wang et al.（2019）指出浅地下水埋深区（埋深0～0.8m）氮肥利用效率随施氮量增加显著降低。然而，冬小麦作为我国主要粮食作物之一，约占总播种面积的20%。浅地下水埋深条件下，是否需要控制施氮量，不同施氮量的冬小麦养分吸收利用如何，产量的形成与地上部物质积累和转运有无关系等相关研究较少。综上所述，本章主要探索：①浅地下水埋深与施氮组合作用下冬小麦物质积累、分配和转运特征；②浅地下水埋深和施氮组合下冬小麦的氮素吸收利用效率；③基于物质积累、转运和养分利用效率等地上部作物指标推求最优地下水埋深和最佳施氮量，并分析其变化规律。探明浅地下水埋深区冬小麦物质积累、转运以及养分利用对不同施氮量的响应机制，为农业绿色高效发展提供参考。

5.2 结果与分析

5.2.1 冬小麦干物质积累量

5.2.1.1 开花期

由图5-1可知，不施氮处理冬小麦开花期茎、叶和穗干物质量均随地下水埋深增加而增加，NF150、NF240施氮下各器官干物质量均随地下水埋深先增加后降低，而NF300施氮下各器官干物质量随地下水埋深增加而降低。NF0施氮下地下水埋深处理各器官干物质量表现为G4>G3>G1、G2（$P<0.05$），相较于G1、G2处理，G4和G3处理叶、茎和穗平均分别增加18.17%~28.77%、8.58%~51.02%和15.97%~45.98%；NF150施氮下G3、G4处理叶、茎和穗平均比G1、G2处理分别高出14.62%~49.79%、7.76%~34.80%和22.03%~27.81%（$P<0.05$）；NF240施氮下G2、G3处理各器官干物质量最大，2021年G2处理显著高于G1处理，叶、茎和穗平均高出16.33%~23.44%；NF300施氮下G1、G2处理各器官干物质量显著高于G3、G4处理，平均高出18.34%~33.57%。

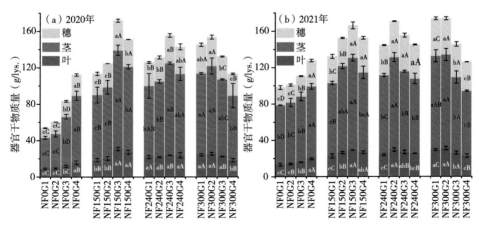

图5-1 冬小麦开花期各器官干物质积累量

G1、G2埋深下各器官干物质量随施氮量增加而增加，表现为NF300>NF150>NF0（$P<0.05$），相比NF150处理，NF300处理各器官干物质积累量平均增加18.08%~40.50%；G3、G4埋深下各器官干物质量随施氮量增加先

增后减，NF150处理比NF300处理平均显著高出12.31%~49.86%（2021年G3埋深穗除外）；NF240施氮处理器官干物质量显著高于不施氮处理，与NF150和NF300施氮间的差异受年际和地下水埋深作用。

由图5-2可知，开花期NF0、NF150、NF240、NF300施氮下对应干物质量最大的地下水埋深分别为G4、G3、G2和G3、G1和G2，表现出随施氮量增加而降低的趋势；G1、G2埋深下增施氮肥显著促进地上部分物质生长，NF300处理比NF150、NF240处理平均高出20.08%~25.61%（2021年G2埋深除外），而当地下水埋深高于G3时，一定范围内增施氮肥能够促进冬小麦地上部分物质积累，但高施氮量不利于地上部分干物质量形成，G3、G4埋深下施氮300kg/hm²地上部干物质量显著降低，比施氮150~240kg/hm²降低了9.46%~23.14%。说明较浅地下水埋深下增施氮肥能促进冬小麦开花期干物质量积累，而地下水埋深较大时过量施氮将不利于作物地上部干物质量积累。

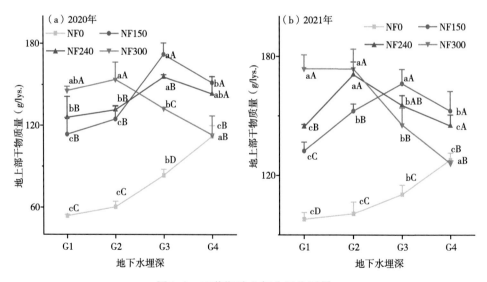

图5-2　开花期地上部分干物质量

5.2.1.2　成熟期

施氮和地下水埋深显著作用冬小麦成熟期地上部器官干物质积累量，两年结果见表5-1和表5-2。

表5-1 2020年冬小麦成熟期地上部分各器官干物质积累量

NF	WTD	叶（g/lys.）	茎（g/lys.）	穗颖（g/lys.）	籽粒（g/lys.）	地上部分（g/lys.）
NF0	G1	7.39 ± 0.93cC	24.66 ± 0.66dC	10.46 ± 0.22cC	22.35 ± 2.10dD	64.85 ± 3.19dD
	G2	7.43 ± 0.30cC	27.45 ± 2.01cC	12.33 ± 1.90cC	37.59 ± 2.07cC	84.80 ± 6.26cC
	G3	8.86 ± 0.44bB	35.62 ± 1.58bC	16.14 ± 1.04bC	58.36 ± 6.95bA	119.00 ± 5.40bC
	G4	11.86 ± 0.80aB	53.01 ± 1.11aB	20.85 ± 0.27aB	74.21 ± 6.91aA	159.93 ± 8.41aC
NF150	G1	12.72 ± 0.97cB	51.86 ± 6.62bB	23.11 ± 0.87cB	84.58 ± 2.80bC	172.28 ± 8.71cC
	G2	14.15 ± 0.54bcAB	57.53 ± 2.99bB	25.75 ± 0.65bB	96.58 ± 8.25aB	194.02 ± 12.17bB
	G3	16.97 ± 3.13abA	70.28 ± 2.97aA	31.26 ± 1.58aA	102.17 ± 6.20aA	220.69 ± 12.81aA
	G4	17.99 ± 0.70aA	69.71 ± 6.29aA	29.74 ± 0.62aA	98.77 ± 4.70aA	216.21 ± 6.43aA
NF240	G1	13.40 ± 1.84bAB	58.53 ± 7.94aAB	24.66 ± 0.33aB	92.46 ± 3.58bB	189.05 ± 12.14bB
	G2	13.84 ± 1.68bB	60.87 ± 6.06aAB	25.82 ± 1.74aB	96.79 ± 3.91bB	197.31 ± 1.55bB
	G3	17.80 ± 1.68aA	65.51 ± 5.58aA	29.17 ± 1.59aA	104.32 ± 1.67aA	216.79 ± 5.34aA
	G4	16.89 ± 2.08abA	72.22 ± 0.80aA	29.31 ± 3.86aA	98.46 ± 3.11abA	216.88 ± 4.3aA
NF300	G1	15.65 ± 1.46abA	67.64 ± 5.13aA	30.04 ± 3.34aA	107.38 ± 4.58aA	220.71 ± 8.79aA
	G2	16.17 ± 1.20aA	64.91 ± 1.91aA	30.39 ± 2.66aA	106.36 ± 1.03aA	217.83 ± 4.35aA
	G3	16.86 ± 0.56aA	57.66 ± 2.81abB	24.98 ± 0.02bB	100.4 ± 0.84aB	199.91 ± 2.50bB
	G4	13.91 ± 0.69bB	52.12 ± 9.00bB	22.93 ± 0.44bB	88.63 ± 5.83bB	177.59 ± 8.07cB

表5-2 2021年冬小麦成熟期地上部分各器官干物质积累量

NF	WTD	叶（g/lys.）	茎（g/lys.）	穗颖（g/lys.）	籽粒（g/lys.）	地上部分（g/lys.）
NF0	G1	11.38 ± 1.47aC	34.97 ± 0.31bC	17.65 ± 2.18bC	58.67 ± 3.19bC	122.68 ± 6.17bC
	G2	12.04 ± 0.33aC	38.01 ± 1.41abB	18.11 ± 0.44bC	62.40 ± 6.30bB	130.57 ± 4.79bC
	G3	12.59 ± 0.18aC	38.09 ± 3.73abB	20.10 ± 1.38bB	65.15 ± 1.08bC	135.93 ± 5.09bC
	G4	13.35 ± 1.43aB	41.61 ± 1.06aC	26.19 ± 1.26aD	90.92 ± 13.04aA	172.07 ± 14.85aB
NF150	G1	16.45 ± 1.53cB	46.13 ± 2.39bB	25.77 ± 1.9bB	79.34 ± 4.27bB	167.69 ± 9.77bB
	G2	19.54 ± 1.34abB	54.09 ± 4.65aA	28.34 ± 0.04bB	99.15 ± 7.77aA	201.12 ± 10.58aB
	G3	21.41 ± 0.98aA	58.63 ± 2.85aA	33.98 ± 1.98aA	101.13 ± 4.46aA	215.15 ± 7.41aA
	G4	19.04 ± 0.78bA	52.64 ± 2.92aA	36.63 ± 0.82aA	91.84 ± 6.54aA	200.14 ± 8.86aA
NF240	G1	16.74 ± 1.01cB	47.93 ± 3.95bB	27.86 ± 1.18bB	88.13 ± 12.40aAB	180.67 ± 12.88bB
	G2	22.61 ± 0.04aA	58.59 ± 6.92aA	35.68 ± 1.90aA	99.49 ± 8.92aA	216.37 ± 17.19aAB
	G3	19.26 ± 0.46bB	53.01 ± 1.74abA	33.55 ± 1.08aA	89.77 ± 1.26aB	195.59 ± 2.91abB
	G4	17.92 ± 0.55dA	45.43 ± 0.17bB	33.39 ± 0.04aB	87.41 ± 4.85aA	184.16 ± 5.41bAB
NF300	G1	21.67 ± 1.03aA	58.13 ± 4.82abA	36.50 ± 2.23aA	100.91 ± 7.89abA	217.21 ± 12.51aA
	G2	23.16 ± 1.83aA	61.78 ± 4.52aA	37.92 ± 2.43aA	104.94 ± 6.26aA	227.80 ± 11.67aA
	G3	19.16 ± 1.54bB	52.37 ± 6.35bcA	33.40 ± 3.41abA	86.08 ± 6.99bcB	191.01 ± 18.00bB
	G4	17.94 ± 0.21bA	45.68 ± 1.78cB	30.02 ± 0.69bC	77.44 ± 11.08cA	171.08 ± 10.41bB

由表5-1和表5-2可知，NF0施氮下成熟期叶、茎和穗随地下水埋深增加而增加，G2、G3、G4处理叶（2020年）、茎干物质量显著高于G1处理，平均分别高出27.03%和12.20%~56.92%，G4处理穗颖干物质量比G1处理显著高出48.38%~9.30%；NF150施氮下G2、G3、G4处理叶、茎显著高于G1处理，平均分别高出21.59%~28.68%和12.20%~56.92%，G3、G4处理穗颖比G1、G2处理平均显著高出24.84%~30.49%；NF240施氮下叶干物质量最大值对应地下水埋深为G2、G3处理，显著高于其余埋深处理，受年际叠加施氮作用，茎、穗颖干物质量年际变化较大，2021年G2、G3处理显著高于G1处理，平均分别高出16.42%和24.25%；NF300施氮下茎、叶和穗颖干物质量随地下水埋深增加呈降低趋势，G1、G2、G3处理显著高于G4处理，平均分别高出16.69%~18.90%、21.65%~25.72%和19.71%~24.17%。

由表5-1、表5-2可知，G1、G2埋深下成熟期叶、茎和穗颖干物质量随施氮增加而增加，其中G1埋深下表现为NF300>NF150、NF240>NF0（$P<0.05$），相比NF150、NF240处理，NF300处理成熟期叶、茎和穗颖干物质量增幅分别介于19.82%~30.59%、22.54%~23.60%和25.76%~36.10%，随着年际叠加施氮，2021年NF240与NF300处理茎和穗颖干物质量差异不显著，但显著高于NF150处理，分别高出17.12%和29.85%；G3、G4埋深下叶、茎和穗颖干物质量在NF150、NF240处理最高，其中叶干物质量表现为施氮显著高于不施氮处理，2020年茎和穗颖干物质量显著高于NF300处理，平均分别高出17.74%~36.15%和20.95%~28.77%，受地下水埋深增加和年际持续施氮作用，2021年NF150施氮茎和穗颖干物质量显著高NF240、NF300处理，平均分别高出15.55%和15.54%。

由表5-1、表5-2可知，冬小麦成熟期地上部分干物质量在各施氮组下均存在最大值对应的最优地下水埋深，该埋深随施氮量和年际叠加施氮量均呈降低趋势，NF0、NF150、NF240、NF300各施氮组最优地下水埋深分别为G4、G3、G2和G3、G1和G2。G1、G2埋深下冬小麦成熟期地上部分干物质量随施氮量增加而增加，表现为NF300>NF150、NF240>NF0（$P<0.05$），NF300平均比NF150、NF240高出9.13%~4.71%；G3、G4埋深下施氮处理地上部干物质量表现为NF150-NF240>NF300>NF0（2020年，$P<0.05$），相比NF300处理，NF150和NF300处理平均高出

9.42%~21.93%；2021年NF150处理显著高于NF240和NF300处理，平均高出11.31%~12.68%。说明地下水埋深较浅条件下（0.6~0.9m），增施氮肥有助于提升冬小麦地上部干物质合成，而地下水埋深超过1.2m后，年际持续高施氮量会降低冬小麦干物质量积累，对地下水埋深较大的区域应降低20%~50%施氮量。由表5-3可知，地下水埋深和施氮对冬小麦地上部器官干物质量存在显著的交互效应，年际地下水埋深和施氮的综合叠加效应对地上部干物质量作用显著。

表5-3　冬小麦地上部器官干物质量双因素方差分析

因素	叶（g/lys.）		茎（g/lys.）		穗颖（g/lys.）		地上部分（g/lys.）		籽粒（g/lys.）
	开花期	成熟期	开花期	成熟期	开花期	成熟期	开花期	成熟期	
Year	**	**	**	**	**	**	**	*	ns
NF	**	**	**	**	**	**	**	**	**
WTD	**	**	**	**	**	**	**	**	**
NF × WTD	**	**	**	**	**	**	**	**	**
Year × NF	*	ns	**	**	**	**	**	**	**
Year × WTD	**	**	**	**	ns	ns	**	**	**
Year × NF × WTD	*	*	ns	*	**	*	ns	ns	ns

5.2.2　器官干物质量分配比例

地下水埋深和施氮作用显著影响冬小麦地上部器官分配比例，结果见图5-3。由图5-3a、b可知，冬小麦开花期地上部分干物质器官分配比例大小为茎>叶>穗，成熟期为籽粒>茎>叶>穗颖。整体而言，开花期各施氮条件下地下水埋深对茎、叶分配作用不显著，年际持续施氮下较大地下水埋深会显著促进冬小麦对穗干物质量的分配，2021年NF0和NF150施氮下G4埋深处理穗干物质量显著高于G1、G2、G3处理，平均增加13.98%~17.73%，NF240

和NF300施氮下G3、G4埋深处理比G1、G2处理显著高出8.14%～11.60%。地下水埋深下，第一年施氮处理对冬小麦地上部器官干物质量分配比例差异影响不显著，第二年呈现出显著差异。主要表现在，G1、G2、G3、G4埋深下施氮150～300kg/hm²比不施氮显著促进叶干物质量分配，而茎的分配比例随施氮量增加而降低，其中G2和G3埋深下NF150、NF240处理茎分配比例显著高于NF300处理，平均高出5.00%～6.89%；G1埋深下穗颖的分配比例随施氮量增加而增加，NF300处理显著高于NF0、NF150、NF240处理，埋深超过G2后有降低趋势，G2、G3埋深下NF240、NF300>NF0、NF150（P<0.05）。

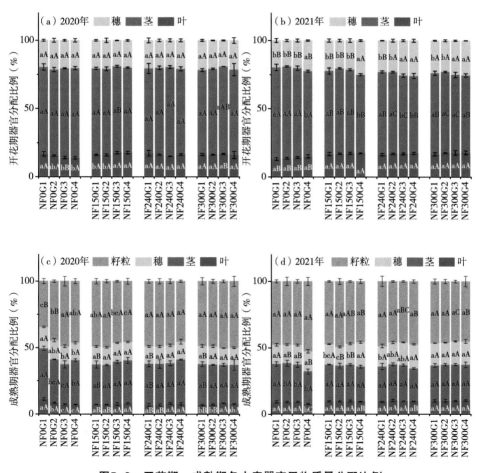

图5-3　开花期、成熟期冬小麦器官干物质量分配比例

由图5-3c、d可知，成熟期NF0施氮下叶、茎分配比例随地下水埋深增加有降低趋势，G1处理显著高于G4处理，叶、茎分配比例分别高出19.29%~53.21%和14.73%~17.58%；2021年穗颖分配比例随地下水埋深增加而降低，NF150和NF240施氮下G3、G4处理显著高于G1-G2处理，平均高出10.28%~15.76%；NF0施氮下籽粒分配比例随地下水埋深增加而上升，而NF150施氮下籽粒分配比例表现相反，2020年G3、G4处理与G1、G2处理差异显著。2020年G1埋深下NF0处理冬小麦叶、茎和穗颖干物质分配比例显著高于NF150和NF300处理，而籽粒分配比例显著降低；第二年持续施氮后，G4埋深下NF0施氮冬小麦叶和穗颖分配比例相比于NF150和NF300处理显著下降，而籽粒分配比例显著增加，值得一提的是G4埋深下NF150和NF240施氮处理叶分配比例显著低于NF300处理，而G3和G4埋深下NF150、NF240施氮籽粒分配比例相应较高，其中G3埋深下NF150、NF240施氮籽粒分配比例比NF300处理显著高出2.98%。说明较浅地下水埋深条件下，施氮有助于提高成熟期地上部作物向籽粒干物质量的转移分配比例，而对于较大地下水埋深高量施氮不利于籽粒干物质转移分配。

5.2.3 干物质转运量和对籽粒的贡献率

2020年、2021年冬小麦营养器官干物质转运及其对籽粒的贡献见表5-4、表5-5。

表5-4 2020年冬小麦营养器官干物质转运及其对籽粒的贡献

NF	WTD	转运量（g/lys.）	转运率（%）	花前贡献率（%）	花后干物质积累量（g/lys.）	花后干物质贡献率（%）
NF0	G1	11.21 ± 1.96bB	20.85 ± 3.49aA	50.86 ± 12.65aA	11.14 ± 3.86dC	49.14 ± 12.65aA
	G2	13.10 ± 2.40bB	21.75 ± 3.97aA	35.01 ± 7.21aA	24.49 ± 3.67cB	64.99 ± 7.21aA
	G3	22.82 ± 5.78aC	27.16 ± 5.43aA	38.72 ± 5.35aB	35.54 ± 1.82bC	61.28 ± 5.35aA
	G4	26.51 ± 6.27aA	23.44 ± 3.90aA	35.42 ± 5.02aA	47.7 ± 0.65aC	64.58 ± 5.02aA

（续表）

NF	WTD	转运量 （g/lys.）	转运率 （%）	花前贡献率 （%）	花后干物质积 累量（g/lys.）	花后干物质贡 献率（%）
NF150	G1	25.80 ± 5.45bA	22.58 ± 2.85bA	30.40 ± 5.73bA	58.78 ± 3.52abB	69.60 ± 5.73aA
	G2	27.20 ± 5.72bAB	21.68 ± 2.94bA	28.01 ± 4.05bA	69.38 ± 4.68aA	71.99 ± 4.05bA
	G3	53.54 ± 2.05aA	31.14 ± 0.89aA	52.50 ± 3.22aA	48.63 ± 5.85bB	47.50 ± 3.22aB
	G4	33.87 ± 10.18bA	22.28 ± 6.26bA	34.10 ± 9.44bA	64.90 ± 7.44aAB	65.90 ± 9.44aA
NF240	G1	29.25 ± 9.33aA	22.93 ± 5.61aA	31.48 ± 9.42aA	63.21 ± 7.12aB	68.52 ± 9.42aA
	G2	30.85 ± 1.98aA	23.50 ± 1.68aA	31.87 ± 1.04aA	65.93 ± 2.30aA	68.13 ± 1.04aA
	G3	43.15 ± 7.94aB	27.69 ± 4.83aA	41.31 ± 7.23aB	61.17 ± 6.88aA	58.69 ± 7.23aA
	G4	24.70 ± 13.90aA	16.80 ± 7.93aA	24.88 ± 13.29aA	73.76 ± 11.65aA	75.12 ± 13.29aA
NF300	G1	32.13 ± 8.79aA	22.09 ± 6.12aA	29.80 ± 7.35aA	75.25 ± 6.67aA	70.20 ± 7.35aA
	G2	42.24 ± 16.43aA	27.05 ± 8.19aA	39.63 ± 15.05aA	64.12 ± 15.56aA	60.37 ± 15.05aA
	G3	32.90 ± 4.25aBC	24.83 ± 3.03aA	32.74 ± 3.96aB	67.51 ± 3.41aA	67.26 ± 3.96aA
	G4	24.19 ± 5.46aA	21.26 ± 2.81aA	27.64 ± 8.06aA	64.44 ± 11.22aAB	72.36 ± 8.06aA

表5-5 2021年冬小麦营养器官干物质转运及其对籽粒的贡献

NF	WTD	转运量 （g/lys.）	转运率 （%）	花前贡献率 （%）	花后干物质积 累量（g/lys.）	花后干物质 贡献率（%）
NF0	G1	33.84 ± 0.63bC	34.62 ± 1.44aA	57.83 ± 4.29aA	24.83 ± 3.79aA	42.17 ± 4.29aA
	G2	32.47 ± 4.95bB	32.16 ± 3.03aA	52.78 ± 12.76aA	29.92 ± 10.24aA	47.22 ± 12.76aA
	G3	39.69 ± 5.21abA	35.89 ± 3.92aA	61.02 ± 9.03aA	25.46 ± 6.28aA	38.98 ± 9.03aA

（续表）

NF	WTD	转运量（g/lys.）	转运率（%）	花前贡献率（%）	花后干物质积累量（g/lys.）	花后干物质贡献率（%）
NF0	G4	46.63 ± 1.54aA	36.50 ± 0.63aA	51.99 ± 7.37aA	44.29 ± 13.26aA	48.01 ± 7.37aA
NF150	G1	43.88 ± 4.30aBC	33.20 ± 3.24aA	55.57 ± 7.92aA	35.46 ± 8.28aA	44.43 ± 7.92aA
	G2	50.45 ± 5.76aA	33.10 ± 3.67aA	50.97 ± 5.72aA	48.7 ± 7.43aA	49.03 ± 5.72aA
	G3	52.18 ± 5.67aA	31.34 ± 2.28aA	51.69 ± 6.36aA	48.95 ± 7.67aA	48.31 ± 6.36aA
	G4	44.19 ± 6.98aA	28.87 ± 2.76aB	47.94 ± 4.26aA	47.65 ± 1.75aA	52.06 ± 4.26aA
NF240	G1	52.00 ± 4.78aAB	35.99 ± 3.55aA	59.76 ± 10.17aA	36.13 ± 13.13aA	40.24 ± 10.17aA
	G2	53.82 ± 2.35aA	31.58 ± 2.34aA	54.51 ± 7.01aA	45.67 ± 11.10aA	45.49 ± 7.01aA
	G3	49.50 ± 4.76aA	31.84 ± 2.26aA	55.10 ± 4.59aA	40.27 ± 3.58aA	44.90 ± 4.59aA
	G4	48.28 ± 4.96aA	33.23 ± 2.20aA	55.32 ± 6.43aA	39.14 ± 6.65aA	44.68 ± 6.43aA
NF300	G1	57.52 ± 11.14aA	32.99 ± 5.54aA	57.09 ± 11.34aA	43.39 ± 11.94aA	42.91 ± 11.34aA
	G2	50.91 ± 6.09abA	29.27 ± 2.76aA	48.83 ± 8.43aA	54.03 ± 11.89aA	51.17 ± 8.43aA
	G3	40.62 ± 9.76bcA	27.90 ± 6.50aA	47.98 ± 15.64aA	45.46 ± 16.29aA	52.02 ± 15.64aA
	G4	32.39 ± 0.53cB	25.71 ± 0.61aB	42.39 ± 5.84aA	45.05 ± 10.58aA	57.61 ± 5.84aA
Year		**	**	**	**	**
NF		**	ns	*	**	*
WTD		**	*	**	**	**
NF × WTD		**	ns	ns	**	ns
Year × NF		ns	*	ns	**	ns
Year × WTD		**	**	ns	ns	ns
Year × NF × WTD		ns	ns	ns	*	ns

由表5-4、表5-5可知，冬小麦地上部分营养器官干物质转运量受施氮、地下水埋深和年际叠加作用效应显著。NF0施氮下干物质转运量、花后干物质积累量随地下水埋深增加而增加，其中G3和G4处理转运比G1和G2处理显著高出30.17%～102.93%，2020年花后干物质积累量表现为G4>G3>G2>G1（P<0.05）；NF150、NF240、NF300施氮下转运量随地下水埋深先增后降，对应最大地下水埋深处理分别为G3、G2和G3、G1和G2，其中2020年NF150施氮下G3埋深处理转运量显著高于其他埋深处理，年际叠加施氮300kg/hm²，2021年G1和G2埋深处理转运量显著高于G3和G4处理，平均高出48.50%。NF150、NF300施氮下花后干物质积累量最大值对应地下水埋深分别为G2和G3、G1和G2。

表5-4、表5-5表明，G1和G2埋深，冬小麦营养器官干物质转运量、花后干物质积累量（2020年G2埋深除外）随施氮量增加明显增加，2021年G1埋深和2020年G2埋深下，NF240和NF300处理转运量显著高于NF0和NF150处理，平均分别高出40.91%和81.36%；2020年G1埋深花后干物质积累量各施氮组表现为NF300>NF150、NF240>NF0（P<0.05）。G3和G4埋深下，NF150处理转运量最高，2020年G3埋深和2021年G4埋深下NF150处理显著高于NF300处理；同样在G3和G4埋深下，2020年花后干物质积累量NF240、NF300>NF150>NF0（P<0.05），而持续施氮后，2021年G3和G4埋深花后干物质积累量最大值为NF150施氮处理。

由表5-4、表5-5可知，NF0和NF150施氮下冬小麦最大转运率对应地下水埋深分别为G3、G4（NF0）和G3（NF150），2020年与其他埋深处理达到显著性差异（表5-4）。随着地下水埋深的加大和年际持续施氮，NF300施氮处理冬小麦物质转运率有降低趋势，G4埋深下2021年NF300施氮处理转运率显著低于NF0处理，降低了41.97%。施氮下地下水埋深未显著作用花前营养器官对籽粒的贡献率，2021年NF150和NF300施氮处理随地下水埋深增加有降低趋势；G1和G2埋深下施氮对花前籽粒贡献率作用不显著，随着地下水埋深增加而上升，G3和G4埋深下NF240、NF300施氮处理相较NF0、NF150处理花前贡献率有所降低。

5.2.4 地上部器官氮素积累量

5.2.4.1 开花期

2020年和2021年冬小麦开花期地上部营养器官吸氮量见表5-6和表5-7。由表5-6和表5-7可知，开花期冬小麦器官吸氮量大小为叶>茎>穗，营养器官吸氮量受地下水埋深和施氮作用显著。NF0施氮下叶、茎和穗吸氮量随地下水埋深增加而显著增加，表现为：G4>G3>G1-G2（$P<0.05$），其中，相比G1、G2处理，G3处理叶、茎和穗吸氮量平均分别高出136.80%~198.57%、113.04%~193.68%和70.75%~159.13%，而G4处理相应平均高出39.28%~68.21%、18.22%~83.01%和16.55%~80.00%；NF150施氮下G3、G4处理叶、茎和穗吸氮量显著高于G1、G2处理，平均分别高出34.28%~73.37%、31.69%~32.66%和27.57%~31.65%；NF240施氮下叶、茎吸氮量随地下水埋深增加先增后减，最值出现在G3和G2处理下，2021年G2、G3、G4处理显著高于G1处理；NF300施氮下叶、茎和穗吸氮量随地下水埋深增加呈递减趋势，G1、G2、G3处理显著高于G4处理，叶、茎和穗吸氮量平均分别高出28.86%~35.36%、18.51%~24.08%（2020年茎$P>0.05$）和16.69%~19.86%。

由表5-6和表5-7可知，G1和G2埋深下叶、茎和穗吸氮量随施氮量增加而增加，表现为NF300>NF150>NF0（$P<0.05$），NF300处理叶、茎和穗吸氮量比NF150处理相应平均高出23.52%~44.85%、31.82%~42.36%和22.24%~55.56%。G3和G4埋深下叶、茎和穗吸氮量均在NF150、NF240处理达到最大，其中G4埋深下NF150和NF240处理叶、2021年茎和2021年穗吸氮量显著高于NF300处理，平均分别高出25.61%~51.03%、11.90%和15.00%。

表5-6　2020年冬小麦开花期地上部分各器官氮素吸收量

NF	WTD	叶氮积累量（g/lys.）	茎氮积累量（g/lys.）	穗氮积累量（g/lys.）	地上部分氮积累量（g/lys.）
NF0	G1	0.08 ± 0.014cD	0.073 ± 0.004cC	0.060 ± 0.003dD	0.213 ± 0.014cD
	G2	0.106 ± 0.01bcC	0.080 ± 0.006cC	0.093 ± 0.007cC	0.279 ± 0.014cD
	G3	0.157 ± 0.024bC	0.140 ± 0.010bC	0.138 ± 0.010bC	0.435 ± 0.041bD
	G4	0.279 ± 0.051aC	0.225 ± 0.038aB	0.199 ± 0.015aB	0.702 ± 0.101aC

（续表）

NF	WTD	叶氮积累量（g/lys.）	茎氮积累量（g/lys.）	穗氮积累量（g/lys.）	地上部分氮积累量（g/lys.）
NF150	G1	0.388 ± 0.042bC	0.315 ± 0.03dB	0.216 ± 0.020cC	0.920 ± 0.092bC
	G2	0.429 ± 0.041bB	0.366 ± 0.016cB	0.265 ± 0.012bB	1.061 ± 0.042bC
	G3	0.748 ± 0.052aA	0.469 ± 0.008aAB	0.323 ± 0.018aA	1.540 ± 0.059aA
	G4	0.669 ± 0.087aA	0.429 ± 0.023bA	0.311 ± 0.011aA	1.410 ± 0.103aA
NF240	G1	0.484 ± 0.055aB	0.367 ± 0.015bAB	0.267 ± 0.016aB	1.118 ± 0.063bB
	G2	0.507 ± 0.056aA	0.386 ± 0.014bB	0.275 ± 0.027aB	1.169 ± 0.092bB
	G3	0.593 ± 0.011aB	0.503 ± 0.015aA	0.317 ± 0.030aA	1.413 ± 0.018aB
	G4	0.559 ± 0.05aA	0.395 ± 0.073bA	0.287 ± 0.046aA	1.240 ± 0.170abAB
NF300	G1	0.562 ± 0.016aA	0.416 ± 0.055aA	0.336 ± 0.014aA	1.314 ± 0.044abA
	G2	0.553 ± 0.03aA	0.488 ± 0.037aA	0.324 ± 0.019aA	1.366 ± 0.014aA
	G3	0.535 ± 0.057aB	0.441 ± 0.049aB	0.259 ± 0.012bB	1.235 ± 0.086bC
	G4	0.406 ± 0.033bB	0.361 ± 0.048aB	0.256 ± 0.029bA	1.023 ± 0.090cC

表5-7 2021年冬小麦开花期地上部分各器官氮素吸收量

NF	WTD	叶（g/lys.）	茎（g/lys.）	穗（g/lys.）	地上部植株吸氮量（g/lys.）
NF0	G1	0.177 ± 0.028cC	0.168 ± 0.014cD	0.146 ± 0.017cD	0.491 ± 0.038cD
	G2	0.185 ± 0.023cC	0.154 ± 0.019bcD	0.148 ± 0.012cC	0.488 ± 0.051cC
	G3	0.252 ± 0.006bB	0.190 ± 0.011bB	0.171 ± 0.003bB	0.614 ± 0.018bB
	G4	0.429 ± 0.028aB	0.343 ± 0.015aB	0.251 ± 0.012aC	1.023 ± 0.021aC
NF150	G1	0.447 ± 0.08bB	0.341 ± 0.013bC	0.245 ± 0.015bC	1.032 ± 0.101bC
	G2	0.477 ± 0.008bB	0.336 ± 0.015bC	0.267 ± 0.013bB	1.079 ± 0.006bB
	G3	0.628 ± 0.048aA	0.469 ± 0.061aA	0.311 ± 0.039aA	1.407 ± 0.142aA
	G4	0.613 ± 0.036aA	0.429 ± 0.029aA	0.342 ± 0.017aA	1.383 ± 0.068aA
NF240	G1	0.485 ± 0.035bB	0.384 ± 0.016bB	0.296 ± 0.021bB	1.166 ± 0.042bB
	G2	0.591 ± 0.030aA	0.431 ± 0.013aB	0.347 ± 0.003aA	1.369 ± 0.042aA
	G3	0.563 ± 0.050aA	0.429 ± 0.018aA	0.357 ± 0.022aA	1.349 ± 0.079aA
	G4	0.555 ± 0.012aA	0.430 ± 0.017aA	0.360 ± 0.027aA	1.345 ± 0.024aA

NF	WTD	叶（g/lys.）	茎（g/lys.）	穗（g/lys.）	地上部植株吸氮量（g/lys.）
NF300	G1	0.590 ± 0.037aA	0.449 ± 0.020aA	0.367 ± 0.021aA	1.405 ± 0.052abA
	G2	0.638 ± 0.065aA	0.478 ± 0.028aA	0.342 ± 0.009aA	1.458 ± 0.083aA
	G3	0.569 ± 0.033aA	0.437 ± 0.034aA	0.336 ± 0.026aA	1.341 ± 0.034bA
	G4	0.465 ± 0.043bB	0.384 ± 0.024bB	0.298 ± 0.002bB	1.146 ± 0.034cB

由表5-6和表5-7可知，NF0施氮下冬小麦地上部植株总吸氮量随地下水埋深增加而增加，G3处理、G4处理显著高于G1和G2处理，平均分别高出25.39%~76.71%和108.85%~185.17%。施氮量增加，地上部植株最大吸氮量对应地下水埋深有所减小，NF150施氮下G3和G4处理地上部植株吸氮量显著高于G1和G2处理，平均高出32.16%~48.92%；NF240施氮下植株最大吸氮量对应地下水埋深为G3和G2处理，显著高于G1处理；NF300施氮下地上部植株总吸氮量随地下水埋深增大呈降低趋势，表现为G1、G2>G3>G4（$P<0.05$），G1和G2处理、G3处理分别比G4处理平均分别增加了6.76%~8.50%和24.89%~30.91%。

表5-6和表5-7表明，G1、G2埋深下地上部植株总吸氮量随施氮增加显著增加，施氮处理间差异显著，但随着持续施氮和浅地下水埋深作用，2021年NF240和NF300处理间差异未达到显著性水平。G3埋深下NF150处理植株总吸氮量最大，显著高于NF0处理；G4埋深下地上部植株总吸氮量受施氮量影响，呈先升后降趋势，NF150、NF240>NF300>NF0（$P<0.05$），NF300处理植株总吸氮量比NF150和NF240处理显著降低15.96%~22.77%。

5.2.4.2　成熟期

2020年、2021年成熟期冬小麦地上部分各器官氮素吸收量见表5-8、表5-9。由表5-8、表5-9可知，成熟期冬小麦器官吸氮量强弱顺序为籽粒>茎>穗>叶。NF0、NF150施氮下成熟期叶、茎和穗吸氮量随地下水埋深增加而增加，G4处理显著高于G1、G2处理，叶、茎（2021年NF0处理除外）和穗平均分别显著高出99.35%~250.78%、64.66%~184.00%和59.34%~159.57%；NF240施氮下G3、G4处理叶、茎和穗吸氮量显著高于G1、G2处理，平均相应高出25.17%~76.77%、43.66%~99.54%和50.98%~64.78%；NF300施氮下各地下水埋深处理间差异不显著。

表5-8　2020年冬小麦成熟期地上部分各器官氮素吸收量

NF	WTD	叶（g/lys.）	茎（g/lys.）	穗（g/lys.）	籽粒（g/lys.）	地上部植株吸氮量（g/lys.）
NF0	G1	0.016 ± 0.002bC	0.018 ± 0.001cC	0.015 ± 0.003cC	0.158 ± 0.01cD	0.207 ± 0.009cD
NF0	G2	0.016 ± 0.001bC	0.018 ± 0.001cC	0.016 ± 0.003cB	0.246 ± 0.03cC	0.296 ± 0.033cD
	G3	0.020 ± 0.002bB	0.029 ± 0.006bC	0.029 ± 0.002bB	0.497 ± 0.077bC	0.576 ± 0.073bC
	G4	0.034 ± 0.005aC	0.051 ± 0.004aB	0.041 ± 0.006aB	0.895 ± 0.178aB	1.021 ± 0.190aB
NF150	G1	0.038 ± 0.003cB	0.050 ± 0.009cB	0.051 ± 0.010bB	0.760 ± 0.024cC	0.898 ± 0.029dC
	G2	0.048 ± 0.005cB	0.050 ± 0.001cB	0.061 ± 0.014bA	0.914 ± 0.091cB	1.073 ± 0.108cC
	G3	0.089 ± 0.013bA	0.101 ± 0.007bB	0.069 ± 0.002bB	1.187 ± 0.143bB	1.446 ± 0.126bB
	G4	0.150 ± 0.008aA	0.142 ± 0.037aA	0.098 ± 0.026aA	1.360 ± 0.009aA	1.750 ± 0.066aA
NF240	G1	0.047 ± 0.012bAB	0.062 ± 0.010cAB	0.050 ± 0.006bB	0.933 ± 0.095cB	1.093 ± 0.115cB
	G2	0.056 ± 0.006bB	0.083 ± 0.016cA	0.061 ± 0.008bA	1.097 ± 0.005bA	1.297 ± 0.026bB
	G3	0.099 ± 0.018aA	0.132 ± 0.010bA	0.117 ± 0.046aA	1.377 ± 0.043aA	1.725 ± 0.080aA
	G4	0.084 ± 0.017aB	0.158 ± 0.007aA	0.092 ± 0.018abA	1.377 ± 0.121aA	1.711 ± 0.149aA
NF300	G1	0.057 ± 0.006aA	0.079 ± 0.014bA	0.071 ± 0.010aA	1.088 ± 0.020cA	1.295 ± 0.029bA
	G2	0.069 ± 0.009aA	0.078 ± 0.004bA	0.079 ± 0.010aA	1.202 ± 0.066bcA	1.428 ± 0.067abA
	G3	0.092 ± 0.010aA	0.083 ± 0.020bB	0.062 ± 0.008aB	1.428 ± 0.058aA	1.666 ± 0.088aA
	G4	0.093 ± 0.034aB	0.129 ± 0.016aA	0.061 ± 0.002aB	1.355 ± 0.187abA	1.637 ± 0.237aA

表5-9　2021年冬小麦成熟期地上部分各器官氮素吸收量

NF	WTD	叶（g/lys.）	茎（g/lys.）	穗（g/lys.）	籽粒（g/lys.）	地上部分氮积累量（g/lys.）
NF0	G1	0.028 ± 0.003bD	0.014 ± 0.001bC	0.030 ± 0.004bC	0.513 ± 0.046bC	0.583 ± 0.050bC
	G2	0.032 ± 0.004bC	0.022 ± 0.002aC	0.032 ± 0.005bD	0.572 ± 0.062bC	0.658 ± 0.062bD
	G3	0.036 ± 0.006bC	0.017 ± 0.003abC	0.037 ± 0.008bB	0.641 ± 0.074bB	0.732 ± 0.059bB
	G4	0.051 ± 0.006aB	0.022 ± 0.005aB	0.060 ± 0.005aB	1.145 ± 0.179aA	1.278 ± 0.185aA
NF150	G1	0.069 ± 0.007bC	0.040 ± 0.006bB	0.056 ± 0.009cB	0.995 ± 0.052aB	1.160 ± 0.067bB
	G2	0.074 ± 0.006bB	0.043 ± 0.006bB	0.065 ± 0.003bcC	1.189 ± 0.045aB	1.370 ± 0.038abC
	G3	0.110 ± 0.004aB	0.066 ± 0.007aB	0.081 ± 0.017abA	1.327 ± 0.210aA	1.584 ± 0.225aA
	G4	0.107 ± 0.005aA	0.068 ± 0.018aA	0.097 ± 0.012aA	1.275 ± 0.126aA	1.547 ± 0.138aA
NF240	G1	0.077 ± 0.001bB	0.044 ± 0.004bB	0.061 ± 0.011bB	1.181 ± 0.216aAB	1.363 ± 0.209aB
	G2	0.122 ± 0.014aA	0.050 ± 0.006bB	0.075 ± 0.003bB	1.313 ± 0.152aAB	1.560 ± 0.139aB
	G3	0.130 ± 0.009aA	0.066 ± 0.002aB	0.096 ± 0.003aA	1.262 ± 0.055aA	1.555 ± 0.051aA
	G4	0.119 ± 0.008aA	0.070 ± 0.008aA	0.103 ± 0.015aA	1.279 ± 0.200aA	1.571 ± 0.199aA
NF300	G1	0.100 ± 0.002aA	0.082 ± 0.005aA	0.098 ± 0.016aA	1.398 ± 0.182aA	1.678 ± 0.186aA
	G2	0.127 ± 0.009aA	0.085 ± 0.008aA	0.095 ± 0.006aA	1.432 ± 0.098aA	1.738 ± 0.085aA
	G3	0.109 ± 0.009aB	0.085 ± 0.002aA	0.097 ± 0.008aA	1.221 ± 0.072aA	1.512 ± 0.084aA
	G4	0.119 ± 0.023aA	0.075 ± 0.008aA	0.094 ± 0.009aA	1.118 ± 0.171aA	1.406 ± 0.151aA

由表5-8和表5-9可知，G1、G2埋深下增施氮肥有助于提高营养器官吸氮量，表现为NF300>NF150>NF0（$P<0.05$），NF300处理比NF150处理叶、茎和穗吸氮量平均分别高出44.44%~72.40%、55.33%~107.56%和29.51%~74.56%。G3、G4埋深下施氮处理显著高于不施氮处理，施氮处理茎吸氮量受年际作用变化较大，G4埋深施氮量对茎吸氮量作用不显著，穗最大吸氮量对应施氮量随地下水埋深增加有所降低。

籽粒吸氮量受年际叠加施氮效应作用显著，2020年随地下水埋深增加呈明显增长趋势，表现为G4>G3>G1、G2（$P<0.05$），施氮量超过240kg/hm^{2}后，G3与G4处理差异不显著，而显著高于G1和G2处理，平均高出21.56%~35.65%。在第一年基础上持续施氮和控水作用后，2021年NF0施氮下籽粒吸氮量随地下水埋深增加而增加，G4处理显著高于G1、G2、G3处理；NF150、NF240、NF300施氮下籽粒吸氮量随地下水埋深增加呈先增后减趋势，最大值对应出现在G3、G2、G2埋深处，但各埋深处理间差异不显著。

表5-8和表5-9表明，较浅地下水埋深范围内，增施氮肥显著促进籽粒对氮素的吸收，而地下水埋深超过一定深度后，增施氮肥未显著促进籽粒氮素吸收，年际叠加施氮和浅地下水持续作用下表现更明显。G1、G2埋深下，施氮处理对籽粒吸氮量表现为NF240、NF300>NF150>NF0（$P<0.05$），NF240、NF300处理比NF150处理平均高出15.47%~33.02%；G3埋深下施氮显著高于不施氮处理，随地下水埋深增加年际累积效应，2021年G4埋深下各施氮处理间差异不显著。

由表5-10可知，施氮和地下水埋深对冬小麦地上部器官吸氮量存在显著交互作用，年际间存在叠加组合效应。2020年成熟期冬小麦地上部植株总吸氮量随地下水埋深增加而增加，NF0、NF150施氮下表现为G4>G3>G1、G2（$P<0.05$）；施氮持续增加后，G3与G4处理、G1与G2处理间差距逐渐缩小，2020年NF240、NF300施氮下G3与G4处理植株吸氮量显著高于G1与G2处理，平均高出21.30%~43.74%。2021年在G1、G2埋深下地上部植株吸氮量受地下水作用变化趋势与2020年表现一致，但相比2020年地下水埋深处理存在明显累加效应，体现在NF0和NF150施氮下G3与G4处理高于G1与G2处理，而施氮超过240kg/hm^{2}后，各地下水埋深处理间差异不显著。施氮对地上部植株吸氮量的作用与地下水埋深相关，G1、G2埋深下植株吸氮量

随施氮量增加显著增加；G3埋深下施氮显著高于不施氮处理，随地下水埋深增加和年际累积效应，2021年G4埋深下各施氮处理间差异不显著。

表5-10　冬小麦地上部器官吸氮量双因素分析

因素	叶（g/lys.）		茎（g/lys.）		穗颖（g/lys.）		地上部分（g/lys.）		籽粒（g/lys.）
	开花期	成熟期	开花期	成熟期	开花期	成熟期	开花期	成熟期	
Year	**	**	**	**	**	**	**	**	**
NF	**	**	**	**	**	**	**	**	**
WTD	**	**	**	**	**	**	**	**	**
NF × WTD	**	**	**	**	**	**	**	**	**
Year × NF	**	**	**	**	**	**	**	**	**
Year × WTD	*	**	*	**	ns	ns	*	**	**
Year × NF × WTD	ns	**	ns	ns	*	ns	ns	ns	ns

5.2.5　器官氮素积累量分配比例

冬小麦开花期和成熟期器官氮素积累量分配比例见图5-4。由图5-4可见，开花期茎氮素分配比例最高，其次为叶和穗。NF0与NF150施氮下叶氮素分配比例随地下水埋深增加呈上升趋势，2020年NF150施氮和2021年NF0施氮下G3与G4处理显著高于G1与G2处理，NF240与NF300施氮下各地下水埋深处理间差异不显著。2020年G1与G2埋深下NF240处理叶氮素分配比例最大，随着埋深增加和年际间持续施氮的叠加效应，2020年G3与G4埋深和2021年各地下水埋深下NF150施氮处理叶吸氮分配比例最大，其中2020年G3与G4埋深下NF150处理显著高于NF300处理，2021年G2处理显著高于NF0处理。G1埋深下茎氮素分配比例随施氮量增加持续降低，G2～G4埋深下NF150处理茎分配比例最低，2020年NF0与NF150处理显著低于NF240与NF300处理。

图5-4显示，NF0与NF150施氮下穗吸氮量分配比例随地下水埋深先增后降，G2埋深处理最大，占比为24.69%～33.37%，2020年显著高于其余

埋深处理；施氮超过240kg/hm²后，穗吸氮分配比例随地下水埋深增加先增后减，G2与G3埋深处理最低，占比为21.03%～25.35%。G1与G4埋深下，NF0处理穗吸氮分配比例最高（2021年G4埋深除外），其中G1埋深下NF0处理与NF150、NF240处理差异显著，G2～G4埋深下NF0处理比NF150和NF300处理增幅介于13.93%～48.31%。

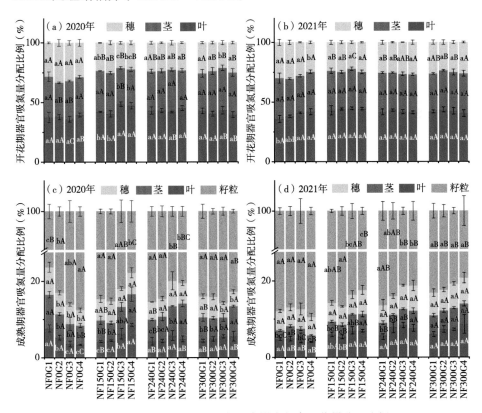

图5-4 开花期、成熟期冬小麦器官氮素吸收量分配比例

由图5-4可知，成熟期器官吸氮分配比例大小为籽粒>茎>叶>颖穗。NF0施氮下G4处理叶吸氮分配比例高于G1处理（2020年*P*<0.05）；NF150、NF240施氮下G3与G4处理叶吸氮分配比例相比G1与G2处理较高，其中NF150施氮下G3、G4处理与G1、G2处理差异显著。浅水位和施氮的持续年际效应下，2021年施氮处理叶吸氮分配比例高于不施氮处理，其中G2～G4埋深条件下差异显著。

NF0施氮下G1处理茎吸氮分配比例显著高于G4处理，随着施氮量增加，NF150、NF240施氮下G3和G4处理茎吸氮分配比例显著高于G1和G2处理，平均增加30.74%～47.64%，但施氮量达到300kg/hm²后年际叠加施氮后2021年NF300施氮下各地下水埋深处理间茎吸氮分配比例差异不显著。持续施氮和控水作用下，2021年G2～G4埋深下施氮处理茎吸氮分配比例显著高于不施氮处理，且G2埋深下NF300处理显著高于NF150、NF240处理。

整体上，成熟期施氮和地下水埋深对穗吸氮分配比例作用不显著。冬小麦地上部器官吸氮分配比例中籽粒分配比例最高，达到76.28%～89.48%。NF0施氮下籽粒吸氮分配比例随地下水埋深增加而增加，其中2020年G3-G4>G2>G1（$P<0.05$）；而施氮量≥240kg/hm²，籽粒吸氮分配比例随地下水埋深增加而下降，其中NF150和NF240施氮下G1、G2、G3处理与G4处理间差异显著。施氮和年际叠加施氮作用籽粒吸氮分配比例，尤其是持续施氮后，2021年籽粒吸氮分配比例随地下水埋深增加而降低，G1、G2埋深下NF0、NF150、NF240处理显著高于NF300处理，G3埋深下NF0、NF150处理显著高于NF240、NF300处理，而G4埋深下NF0处理显著高于NF150、NF300处理。

5.2.6　氮素转运率和贡献率

冬小麦氮素转运和对籽粒氮素贡献率分析见表5-11。由表5-11可知，不施氮下冬小麦氮素转运量随地下水埋深加大呈上升趋势，G3和G4处理平均分别比G1、G2处理高出27.10%～81.17%和116.12%～193.47%，差异显著。施氮下转运量随地下水埋深增加先增后减，其中NF150施氮下G3处理比G1与G2处理平均显著高出30.32%～52.14%；NF240施氮下最大值出现在G2与G3埋深处理；NF300施氮下G1、G2处理与G3和G4处理间差异显著，G1与G2处理平均比G4处理高出32.69%～51.58%。

表5-11表明，G1、G2埋深下冬小麦营养器官氮素转运量随施氮量增加而增加，其中G1埋深下各施氮处理间差异显著，G2埋深下NF300、NF150和NF0处理差异显著；G3、G4埋深下转运量随施氮量先增加后减少，NF150处理值最大，G3埋深下施氮显著高于不施氮处理，随着地下水埋深持续增加和年际叠加施氮量的进行，G4埋深下NF300与NF0处理间差异由2020年显著性差异水平变为不显著，但NF0与NF300处理两年均显著低于

NF150、NF240处理，平均降低了19.28%~31.58%。

表5-11　冬小麦氮素转运和对籽粒氮素贡献率

NF	WTD	氮素转运量（g/lys.）		氮素转运率（%）		花前氮素贡献率（%）	
		2020年	2021年	2020年	2021年	2020年	2021年
NF0	G1	0.16 ± 0.01cD	0.42 ± 0.04cD	76.88 ± 1.51bB	85.62 ± 1.27aA	103.47 ± 6.06aA	82.14 ± 2.29aA
	G2	0.23 ± 0.01cC	0.4 ± 0.05cC	82.11 ± 1.07aA	82.36 ± 2.02aA	93.84 ± 6.99aA	71.51 ± 17.3aA
	G3	0.36 ± 0.05bC	0.52 ± 0.03bB	81.65 ± 2.94aA	85.12 ± 2.83aA	72.78 ± 13.8bB	82.02 ± 5.53aA
	G4	0.58 ± 0.09aC	0.89 ± 0.02aB	82.03 ± 0.80aA	86.97 ± 0.62aA	64.79 ± 4.02bA	78.76 ± 10.35aA
NF150	G1	0.78 ± 0.09cC	0.87 ± 0.10bC	84.93 ± 1.10aA	83.94 ± 1.82aA	102.70 ± 8.32aA	87.26 ± 10.73aA
	G2	0.90 ± 0.04bcB	0.90 ± 0.01bB	85.04 ± 1.77aA	83.19 ± 1.04abA	99.31 ± 9.79aA	75.62 ± 2.74aA
	G3	1.28 ± 0.05aA	1.15 ± 0.12aA	83.19 ± 1.09aA	81.73 ± 0.03bcB	108.95 ± 13.51aA	87.64 ± 12.67aA
	G4	1.02 ± 0.16bA	1.11 ± 0.05aA	72.04 ± 6.18bB	80.35 ± 0.23cB	74.97 ± 12.20bA	87.43 ± 5.09aA
NF240	G1	0.96 ± 0.05aB	0.98 ± 0.03aB	85.76 ± 1.66aA	84.34 ± 0.12aA	103.42 ± 11.81aA	85.35 ± 17.21aA
	G2	0.97 ± 0.08aB	1.12 ± 0.06aa	82.83 ± 1.66aA	81.94 ± 1.59aA	88.27 ± 7.83abA	85.94 ± 6.85aA
	G3	1.07 ± 0.04aB	1.06 ± 0.08aA	75.39 ± 2.64bB	78.27 ± 1.52bB	77.47 ± 5.06bcB	83.88 ± 8.49aA
	G4	0.91 ± 0.14aAB	1.05 ± 0.04aA	72.99 ± 2.05bB	78.31 ± 1.43bB	66.15 ± 10.96cA	83.59 ± 12.46aA
NF300	G1	1.11 ± 0.07abA	1.12 ± 0.03abA	84.13 ± 2.55aA	80.05 ± 0.85aB	101.64 ± 5.96aA	81.37 ± 10.55aA
	G2	1.14 ± 0.01aA	1.15 ± 0.07aA	83.43 ± 0.17aA	78.99 ± 0.76aB	94.95 ± 4.2aA	80.77 ± 8.27aA
	G3	1.00 ± 0.10bB	1.05 ± 0.04bA	80.67 ± 3.04aA	78.28 ± 1.54aB	69.96 ± 8.28bB	86.31 ± 8.07aA
	G4	0.74 ± 0.05cB	0.86 ± 0.04cB	72.52 ± 2.74bB	74.84 ± 2.05bC	55.15 ± 6.13cA	77.94 ± 12.07aA

NF	WTD	氮素转运量（g/lys.）		氮素转运率（%）		花前氮素贡献率（%）	
		2020年	2021年	2020年	2021年	2020年	2021年
	Year	**		**		ns	
	NF	**		**		**	
	WTD	**		**		**	
	NF × WTD	**		**		ns	
	Year × NF	**		**		**	
	Year × WTD	ns		**		ns	
	Year × NF × WTD	**		**		**	

由表5-11可知，不施氮下冬小麦氮素转运率受地下水埋深梯度作用未呈现明显变化规律。增施氮肥≥150kg/hm²，转运率随着地下水埋深的增加呈降低趋势，其中NF150、NF300施氮下G1与G2处理比G4处理平均显著高出4.00%~17.97%。施氮量对氮素转运率的作用受地下水埋深和年际叠加效应影响，表现为随着地下水埋深增加和年际持续作用，氮素转运率随施氮量增加而降低，其中2021年G1与G2埋深下NF0、NF150、NF240处理与NF300处理差异显著；随着地下水埋深的持续增加，G3与G4埋深下不施氮处理显著高于施氮处理，且G4埋深下NF150、NF240比NF300处理显著高出5.99%。

以上可见，地下水埋深下不施氮会降低冬小麦氮素转运量，但能增强氮素的转运效率，地下水埋深越大和持续时间越长，该作用越明显；150~240kg/hm²范围内增加施氮量能提升氮素转运量，但低水位条件下施氮超过该范围后，如1.5m埋深下300kg/hm²施氮导致氮素转运量和转运效率显著下降。2020年花前氮素对籽粒氮的贡献率随地下水埋深增加呈降低趋势，2021年各地下水埋深处理间差异不显著；G1~G4埋深下各施氮处理间花前氮素对籽粒氮的贡献率差异不显著，最大值出现在NF150处理。

5.2.7　氮素利用效率

2020年、2021年冬小麦氮素利用效率分析见表5-12、表5-13。由表5-12、表5-13可知，不施氮作用下冬小麦氮素收获指数（NHI）随地下水埋深增加呈上升趋势，而增施氮肥后表现相反，NF150、NF240施氮下G1与G2处理NHI显著高于G4处理，平均分别高出4.71%~9.17%和4.88%~5.61%。各施氮处理间NHI在第一年未表现出明显差异，地下水埋深和施氮持续作用后，2021年G2、G3、G4埋深下增施氮肥降低了NHI，其中G3与G4埋深下不施氮处理与施氮处理间差异显著。

NF150、NF240施氮下，氮素吸收利用率（NUpE）随地下水埋深增加而增加；NF150施氮下G3、G4处理与G1、G2处理差异显著，而氮肥利用率（NFUE）和氮肥偏生产力（PFPN）随埋深增加呈先增后降趋势，G2、G3处理下值最大；2020年NF240施氮组和2021年NF150施氮组G2、G3处理NFUE与其余埋深处理差异显著，NF150施氮组G2、G3、G4处理PFPN显著高于G1处理；NF300施氮组NFUE和PFPN均随地下水埋深增加而降低，G1、G2、G3处理NFUE和PFPN分别比G4处理平均高出79.02%~215.49%和18.14%~25.65%（P<0.05）。

由表5-12和表5-13可知，地下水埋深下NFUE、NUpE和PFPN随施氮量增加均显著降低。埋深较浅时，施氮量超过一定量后不再显著降低；而随着水位持续降低，各施氮量之间达到显著差异。G1、G2埋深下NF150处理NFUE、NUpE和PFPN显著高于NF240与NF300处理，分别对应平均高出25.81%~97.25%（2021年G1埋深组除外，P>0.05）、34.92%~85.40%和52.66%~79.72%。随着地下水埋深增加，G4埋深下NUpE随施氮量增加呈上升趋势，且差异显著；G3、G4埋深下NF240处理和NF300处理PFPN分别比NF150处理显著降低36.19%~44.52%和50.87%~57.44%。

表5-12　2020年冬小麦氮素利用效率

NF	WTD	NHI（%）	NFUE（%）	NUpE（%）	PFPN（kg/kg）	SNDR（%）
NF0	G1	76.28 ± 1.91cB	—	—	—	—
	G2	83.05 ± 1.22bA	—	—	—	—
	G3	86.05 ± 2.86abA	—	—	—	—
	G4	87.56 ± 1.22aA	—	—	—	—

（续表）

NF	WTD	NHI（%）	NFUE（%）	NUpE（%）	PFPN（kg/kg）	SNDR（%）
NF150	G1	84.62 ± 0.61aA	36.64 ± 1.59aA	47.65 ± 1.54dA	44.90 ± 1.49bA	23.11 ± 1.19cA
	G2	85.22 ± 0.64aA	41.24 ± 6.37aA	56.96 ± 5.72cA	51.26 ± 4.38aA	27.83 ± 4.42cA
	G3	81.93 ± 2.97aAB	46.19 ± 3.29aA	76.76 ± 6.66bA	54.23 ± 3.29aA	39.76 ± 2.04bA
	G4	77.79 ± 2.83bC	38.70 ± 7.97aA	92.90 ± 3.52aA	52.43 ± 2.50aA	58.21 ± 9.28aA
NF240	G1	85.43 ± 1.26aA	29.38 ± 3.53bcB	36.25 ± 3.82cB	30.67 ± 1.19bB	19.06 ± 1.2cB
	G2	84.57 ± 1.44aA	33.21 ± 0.49abB	43.04 ± 0.87bB	32.11 ± 1.30bB	22.80 ± 2.13cA
	G3	79.87 ± 1.27bB	38.10 ± 0.87aB	57.21 ± 2.65aB	34.61 ± 0.56aB	33.33 ± 2.81bA
	G4	80.49 ± 1.29bBC	22.89 ± 6.46cAB	56.76 ± 4.92aB	32.66 ± 1.03abB	59.76 ± 9.94aA
NF300	G1	83.98 ± 1.85aA	28.88 ± 0.95aB	34.38 ± 0.78bB	28.50 ± 1.22aB	16.02 ± 0.96bC
	G2	84.14 ± 0.73aA	30.05 ± 2.64aB	37.90 ± 1.77abB	28.23 ± 0.28aB	20.83 ± 3.29bA
	G3	85.77 ± 1.05aA	28.92 ± 1.85aC	44.21 ± 2.33aC	26.65 ± 0.23aC	34.55 ± 3.50bA
	G4	82.81 ± 0.49aA	16.36 ± 10.58bB	43.46 ± 6.28aC	23.52 ± 1.55bC	64.01 ± 19.24aA

表5-13　2021年冬小麦氮素利用效率

NF	WTD	NHI（%）	NFUE（%）	NUpE（%）	PFPN（kg/kg）	SNDR（%）
NF0	G1	87.89 ± 0.87aA	—	—	—	—
	G2	86.95 ± 1.18aA	—	—	—	—
	G3	87.37 ± 3.23aA	—	—	—	—
	G4	89.48 ± 0.97aA	—	—	—	—

（续表）

NF	WTD	NHI（%）	NFUE（%）	NUpE（%）	PFPN（kg/kg）	SNDR（%）
NF150	G1	85.80 ± 0.43abAB	30.60 ± 3.78bcA	61.55 ± 3.57bA	42.11 ± 2.26bA	50.35 ± 4.61bA
	G2	86.74 ± 1.11aA	37.81 ± 1.51abA	72.72 ± 2.01abA	52.63 ± 4.12aA	47.95 ± 3.33bA
	G3	83.65 ± 1.95bcAB	45.24 ± 11.48aA	84.09 ± 11.94aA	53.68 ± 2.37aA	46.71 ± 6.77bA
	G4	82.39 ± 0.95cB	22.76 ± 6.24cA	82.10 ± 7.34aA	48.75 ± 3.47aA	83.56 ± 18.21aA
NF240	G1	86.36 ± 2.45aAB	25.88 ± 8.59aA	45.22 ± 6.94aB	29.24 ± 4.11aB	43.76 ± 9.68bA
	G2	84.05 ± 2.14abAB	29.93 ± 4.73aB	51.75 ± 4.61aB	33.00 ± 2.96aB	42.34 ± 5.08bA
	G3	81.17 ± 0.95bB	27.29 ± 2.06aB	51.57 ± 1.69aB	29.78 ± 0.42aB	47.09 ± 3.60bA
	G4	81.24 ± 2.43bB	16.32 ± 3.48aAB	52.12 ± 6.61aB	29.00 ± 1.61aB	82.98 ± 21.64aA
NF300	G1	83.17 ± 1.92aB	29.06 ± 4.26aA	44.53 ± 4.95aB	26.78 ± 2.09abB	34.89 ± 3.14bA
	G2	82.33 ± 1.63aB	28.67 ± 3.27aB	46.12 ± 2.26aB	27.85 ± 1.66bB	37.95 ± 4.76bA
	G3	80.74 ± 0.84aB	20.70 ± 2.62bB	40.13 ± 2.23aB	22.85 ± 1.85bcC	48.50 ± 4.72bA
	G4	79.23 ± 3.91aB	8.29 ± 2.23cB	37.32 ± 3.99aC	20.55 ± 2.94cC	92.48 ± 23.52aA
NF		**	**	**	**	ns
WTD		**	**	**	**	**
NF × WTD		**	**	**	**	ns
Year		**	**	**	**	**
Year × NF		**	ns	ns	ns	ns
Year × WTD		*	ns	**	ns	ns
Year × NF × WTD		**	ns	ns	ns	ns

注：NFUE为氮肥利用率，NUpE为氮素吸收利用率，PFPN为氮肥偏生产力，SNDR为土壤氮依存率。

由表5-12和表5-13可知，控施氮肥下SNDR随水位加深而变大，其中G4处理显著高于G1、G2、G3处理，平均高出72.86%~168.94%；G1、G2埋深下施氮量越高SNDR越低，但埋深超过G3和年际叠加施氮后，SNDR随施氮量增加呈上升趋势，但整体上未表现出显著性差异。

5.2.8 最优地下水埋深和最佳施氮量推求

5.2.8.1 Pearson相关性分析

冬小麦产量、籽粒含氮量与地上部器官和器官物质分配比例相关性分析见表5-14。由表5-14可知，冬小麦产量、籽粒吸氮量与地上部营养器官物质积累量、转运量呈显著正相关关系，而与茎干物质分配比例、颖壳吸氮（成熟期籽粒吸氮量除外）分配比例呈显著负相关关系；除此，与氮素转运率和花前氮素吸收对籽粒的贡献率呈负相关（其中籽粒吸氮量与之相关性达到显著水平）。说明浅地下水埋深和施氮通过促进冬小麦地上部器官物质积累和转运来促进产量和氮素积累，但不利于提升物质转运率和花前物质对籽粒产量的贡献率。

表5-14 冬小麦产量、籽粒含氮量与地上部器官和器官物质分配比例相关性

相关性	开花期干物质积累量				成熟期干物质积累量				
	叶	茎	颖壳	地上部	叶	茎	颖壳	籽粒	地上部
籽粒产量	0.833**	0.878**	0.749**	0.871**	0.741**	0.851**	0.796**	—	0.974**
籽粒含氮量	0.842**	0.821**	0.818**	0.857**	0.816**	0.738**	0.839**	0.886**	0.897**

相关性	开花期干物质分配比例			成熟期干物质分配比例			
	叶	茎	颖壳	叶	茎	颖壳	籽粒
籽粒产量	0.396**	-0.283**	0.13	-0.288**	-0.401**	-0.106	0.542**
籽粒含氮量	0.473**	-0.458**	0.328**	-0.036	-0.444**	0.124	0.359**

（续表）

相关性	开花期氮素积累量				成熟期氮素积累量				
	叶	茎	颖壳	地上部	叶	茎	颖壳	籽粒	地上部
籽粒产量	0.869**	0.879**	0.848**	0.887**	0.605**	0.601**	0.666**	0.886**	0.868**
籽粒含氮量	0.864**	0.889**	0.881**	0.895**	0.802**	0.696**	0.782**	—	0.994**

相关性	开花期氮素分配比例			成熟期氮素分配比例			
	叶	茎	颖壳	叶	茎	颖壳	籽粒
籽粒产量	0.619**	0.068	−0.705**	0.016	−0.016	−0.207*	0.072
籽粒含氮量	0.560**	0.086	−0.656**	0.239*	0.038	−0.149	−0.088

相关性	干物质量					氮素积累量		
	转运量	转运率	花前贡献率	花后积累量	花后贡献率	转运量	转运率	花前贡献率
籽粒产量	0.556**	0.061	−0.18	0.766**	0.18	0.894**	−0.029	−0.093
籽粒含氮量	0.583**	0.097	−0.06	0.609**	0.06	0.856**	−0.320**	−0.336**

5.2.8.2 基于物质积累量、转运量的最优地下水埋深演变规律解析

由前述分析可见，相同施氮量下，冬小麦地上部植株干物质量随地下水埋深增加呈先增后降趋势，可见存在冬小麦干物质量最佳的最优地下水埋深。因此，针对开花期、成熟期冬小麦地上部植株干物质和氮素积累量、氮素转运量，在各施氮条件下，利用线性和二次函数曲线对地下水埋深和这些指标进行拟合分析，以获取各施氮条件下的最佳地下水埋深，探讨最佳地下水埋深随施氮量的演变规律，结果见图5-5和图5-6，相关参数见表5-15和表5-16。

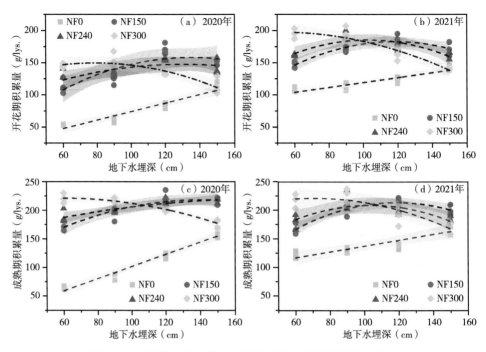

图5-5 开花期、成熟期地上部植株干物质积累量拟合分析

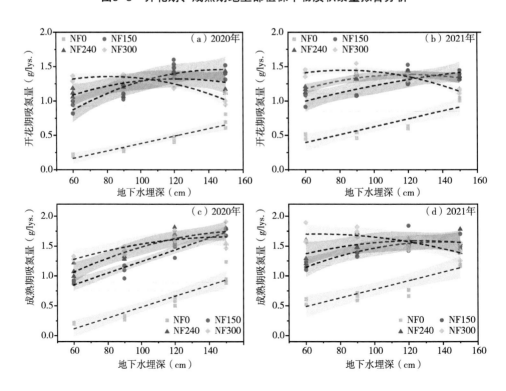

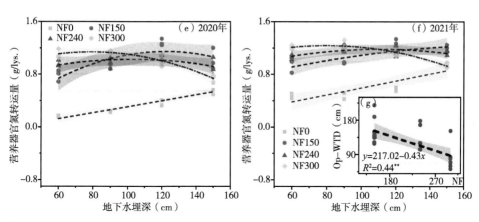

图5-6　开花期、成熟期地上部植株氮素积累量、转运量拟合分析及最佳地下水埋深推求

注：图g中Op-WTD为最佳地下水埋深。

表5-15　冬小麦干物质量积累量拟合系数

生育期	NF	2020年				2021年			
		a	b	c	R^2	a	b	c	R^2
开花期	NF0	—	0.66	7.88	0.90**	—	0.33	74.30	0.80**
	NF150	−0.008 9	2.39	−3.61	0.60**	−0.009 4	2.22	31.49	0.75**
	NF240	−0.005 0	1.30	62.74	0.35ns	−0.010 1	2.08	58.48	0.58**
	NF300	−0.007 6	1.21	101.9	0.70**	−0.005 4	0.56	161.30	0.85**
成熟期	NF0	—	1.06	−4.60	0.96**	—	0.51	86.50	0.69**
	NF150	−0.007 3	2.05	73.24	0.76**	−0.013 5	3.19	23.83	0.80**
	NF240	−0.002 3	0.82	146.40	0.70**	−0.013 1	2.71	68.18	0.39*
	NF300	−0.005 4	0.64	202.10	0.89**	−0.008 5	1.19	179.10	0.66**

注：a、b和c分别表示二次函数拟合系数，*表示$P<0.05$，**表示$P<0.01$，ns表示处理间差异不显著，下同。

表5-16 冬小麦氮素积累量拟合系数

生育期	NF	2020年				20221年			
		a	b	c	R^2	a	b	c	R^2
开花期	NF0	—	0.005 4	-0.160 0	0.87**	—	0.005 7	0.051 9	0.74**
	NF150	-7.57E-05	0.022 4	-0.198 3	0.72**	-2.02E-05	0.008 8	0.542 3	0.62**
	NF240	-6.20E-05	0.015 1	0.407 1	0.27	-5.74E-05	0.013 8	0.557 3	0.65**
	NF300	-7.32E-05	0.012 0	0.859 7	0.81**	-6.88E-05	0.011 5	0.969 7	0.84**
成熟期	NF0	—	0.009 1	-0.427 3	0.85**	—	0.007 2	0.057 2	0.68**
	NF150	—	0.009 8	0.266 1	0.93**	-6.89E-05	0.019 1	0.251 7	0.60**
	NF240	-6.06E-05	0.020 3	0.058 2	0.81**	-5.00E-05	0.012 6	0.800 9	0.11
	NF300	-4.48E-05	0.013 6	0.621 5	0.54*	-4.60E-05	0.006 2	1.492 6	0.42*
转运量	NF0	—	-0.146 4	0.004 6	0.87**	—	0.005 1	0.024 8	0.71**
	NF150	-1.06E-04	0.026 0	-0.439 0	0.50*	-1.96E-05	0.007 4	0.468 1	0.54**
	NF240	-4.68E-05	0.009 6	0.532 1	0.05	-3.93E-05	0.008 8	0.613 4	0.19
	NF300	-8.05E-05	0.012 8	0.631 7	0.87**	-6.09E-05	0.009 8	0.759 1	0.87**

由表5-14和表5-15可见，不施氮下物质积累和转运量与地下水埋深呈显著正向线性关系，施氮条件下与地下水埋深呈显著二次曲线关系，存在物质积累和转运量最佳对应的最优地下水埋深，结果见图5～6g。由图5～6g可见，最优地下水埋深随施氮量增加呈显著降低趋势。

5.2.8.3 基于物质积累量、转运量的最优施氮量演变规律解析

由前述分析可见，相同地下水埋深下，冬小麦地上部物质积累量、氮素转运量随施氮量增加呈先增后降或增幅减缓趋势，说明地下水埋深下存在最佳施氮量。因此，可利用二次曲线分别在各埋深条件下对施氮量和物质积累量、氮素转运量进行拟合分析，以获取各埋深下的最佳施氮量，研究最佳施氮量随地下水埋深的演变规律，结果见图5-7和图5-8，拟合系数见表5-16至表5-18。

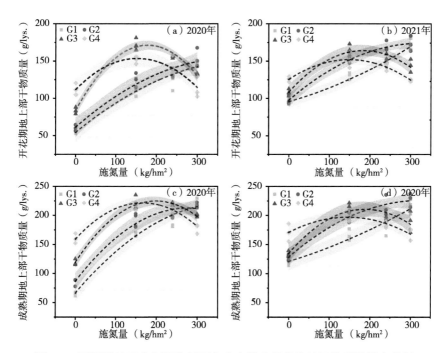

图5-7 不同浅地下水埋深作用下冬小麦地上部分植株干物质量拟合分析

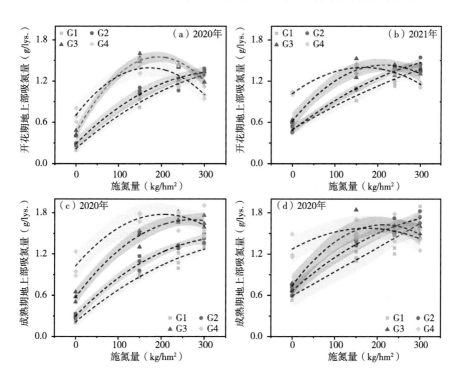

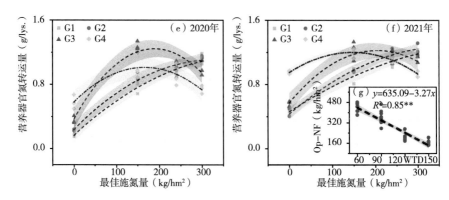

图5-8　不同浅地下水埋深作用下冬小麦地上部植株吸氮量拟合分析

注：图g中p-NF为最佳施氮量。

表5-17　冬小麦干物质积累量拟合系数

生育期	WTD	2020年				2021年			
		a	b	c	R^2	a	b	c	R^2
开花期	G1	−0.000 49	0.441	54.45	0.92**	0.000 3	0.147	98.69	0.94**
	G2	−0.000 60	0.472	61.39	0.92**	−0.000 7	0.455	100.51	0.96**
	G3	−0.002 75	0.978	84.03	0.97**	−0.001 6	0.588	111.02	0.90**
	G4	−0.001 78	0.544	111.84	0.75**	−0.001 2	0.346	127.61	0.80**
成熟期	G1	−0.001 07	0.817	66.25	0.96**	0.000 3	0.205	123.85	0.88**
	G2	−0.001 64	0.908	86.34	0.95**	−0.000 9	0.586	131.01	0.92**
	G3	−0.002 65	1.056	119.44	0.97**	−0.002 1	0.786	137.20	0.85**
	G4	−0.002 26	0.752	159.03	0.89**	−0.001 2	0.351	172.46	0.55*

表5-18　冬小麦地上部植株吸氮量、氮转运量拟合系数

生育期	WTD	2020年				2021年			
		a	b	c	R^2	a	b	c	R^2
开花期	G1	−6.02E−06	0.005 4	0.218 3	0.98**	−2.34E−06	0.003 62	0.499 3	0.95**
	G2	−8.97E−06	0.006 2	0.289 2	0.97**	−5.19E−06	0.004 84	0.485 1	0.98**
	G3	−2.99E−05	0.011 5	0.443 3	0.97**	−1.76E−05	0.007 55	0.622 9	0.92**
	G4	−2.34E−05	0.008 0	0.707 4	0.84**	−1.37E−05	0.004 55	1.020 2	0.93**

（续表）

生育期	WTD	2020年				2021年			
		a	b	c	R^2	a	b	c	R^2
成熟期	G1	−5.53E−06	0.005 2	0.213 1	0.98**	1.22E−07	0.003 48	0.591 4	0.89
	G2	−8.89E−06	0.006 4	0.299 0	0.98**	−6.76E−06	0.005 54	0.663 0	0.96**
	G3	−1.53E−05	0.008 3	0.571 2	0.96**	−1.93E−05	0.008 29	0.739 0	0.89**
	G4	−1.78E−05	0.007 3	1.026 4	0.77**	−9.83E−06	0.003 45	1.273 6	0.27
氮转运量	G1	−5.87E−06	0.004 8	0.167 5	0.97**	−3.43E−06	0.003 30	0.425 2	0.95**
	G2	−8.10E−06	0.005 3	0.238 9	0.96**	−5.90E−06	0.004 32	0.399 3	0.97**
	G3	−2.45E−05	0.009 3	0.369 8	0.92**	−1.47E−05	0.006 01	0.531 7	0.89**
	G4	−1.56E−05	0.005 2	0.579 0	0.69**	−1.10E−05	0.003 24	0.886 5	0.88**

由表5-16、表5-17、表5-18可见，各埋深物质积累量和氮素转运量与施氮量呈显著二次曲线关系。由上述图表可见，G1、G2埋深下冬小麦物质积累和转运量随施氮量增加呈上升趋势，而G3、G4埋深存在最佳施氮量对应的最大物质积累与转运量。浅地下水埋深下，对物质积累与转运量求极大值可获得最佳施氮量，将最佳施氮量与地下水埋深作图分析，结果见图5-8g。由图5-8g可见，60～90cm埋深和120～150cm埋深最佳施氮量分别为276.83～481.52kg/hm² 和146.25～271.52kg/hm²，不难发现最佳施氮量随地下水埋深增加而减小，这可能是因为较深地下水埋深包气带厚度更大，能够储蓄更多的营养元素，维持作物生长和物质、产量形成，而高水位的地下水条件包气带薄，营养元素容蓄能力有限，且高水位造成的厌氧环境等条件会引发土壤营养元素损失，进而需要更高的外源养分投入。

5.3 讨论

开花期到成熟期是小麦籽粒形成的关键时期，灌浆所需的同化物质主要来源于花前营养器官贮存同化物的再分配以及花后光合作用产生的光合产物直接输送（Dordas，2009；王林林等，2013）。施氮是小麦生长形成产量的养分限制因素，合理施氮有效促进小麦群体干物质量积累和花前贮存的干物质向籽粒转运，有助于产量形成（王林林等，2013；张迪等，2017；叶优良等，2012）。张丽霞等（2021）研究发现，小麦植株干物质积累量随施氮量增加而减小，适量氮素和灌水能够促进小麦干物质积累、分配和向籽粒运转。本研究发现施氮对冬小麦地上部干物质量作用受地下水埋深影响，在较浅埋深下增加施氮量促进了冬小麦地上部干物质积累和转运，但地下水埋深超过1.2m后，施氮高于150～240kg/hm²后增施氮肥不利于地上部冬小麦物质积累和转运，说明在较大地下水埋深下高施氮量不利于冬小麦物质积累和转运，这与蔡瑞国等（2014）研究相近。籽粒是成熟期物质积累和转运的中心，张丽霞等（2021）发现成熟期籽粒干物质量分配最大，其次为茎、叶和穗颖，这与本研究结果相近。除此，本研究还发现在1.2～1.5m埋深下年际叠加施氮150～240kg/hm²处理冬小麦叶的分配比例比300kg/hm²处理显著降低，但籽粒显著升高，说明较大埋深辅以高施氮量并不利于干物质向籽粒分配转运，进而不利于最终产量形成。

氮素是冬小麦产量形成的重要组成物质，在作物生长发育过程中主要以光合同化物积累，氮素积累转运与营养物质的积累转运紧密相连（张丽霞等2021）。传统地面灌溉和施肥可以协调作物吸收、分配和利用氮素，水氮之间存在明显的耦合关系（梁伟琴等，2022；郭丙玉等，2015；胡梦芸等，2016）。本研究发现，浅地下水埋深显著影响施氮对冬小麦氮素积累、转运和分配的作用，浅地下水埋深与施氮之间也表现出显著的水氮耦合效应。在地下水埋深较浅时（0.6～0.9m埋深），增施氮肥能够促进地上部器官和植株吸氮量，而地下水埋深较大时（1.2～1.5m埋深），年际施氮高于240kg/hm²植株地上部吸氮量并未显著上升，而在开花期显著降低，这可能是因为低水位下冬小麦遭受干旱胁迫，持续过量施氮引起了水氮失衡，加剧了作物对氮素吸收利用的负效应（刘恩科等，2010；臧贺藏等，2012）。

氮素利用效率是衡量作物分配和利用氮素的能力（张凯等，2016），现有研究表明适宜的施氮量能够提升作物的氮素利用效率，而增加施氮量作物氮素利用效率将明显降低（王兵等，2011；门洪文等，2011；郭曾辉等，2021）。本研究发现在浅地下水埋深条件下，氮肥利用率、氮素吸收利用率和氮肥偏生产力均随施氮量增加而显著降低，施氮量150kg/hm²最高，但在地下水埋深较浅时，施氮超过240kg/hm²后，氮肥利用效率并未显著降低，而地下水埋深继续加大后，各施氮处理之间差异显著。土壤氮依存率是指土壤氮对作物氮营养的贡献率（刘学军等，2002），本研究发现0.6～0.9m埋深施氮量越高，土壤氮依存率越低，而埋深超过1.2m加之年际叠加施氮后，土壤依存率呈上升趋势，说明较浅地下水埋深作物主要利用外加施氮量，而对于较大埋深，因其包气带较厚有更充足的氮素储蓄空间，作物主要利用土壤氮素，进一步说明对于地下水埋深较大区域应该降低施氮量。

叶优良等（2012）基于二次曲线对施氮量和冬小麦开花期与成熟期地上部干物质量拟合发现，施氮206.5～237.9kg/hm^{2}地上部干物质量最大，本研究同样发现施氮量与冬小麦开花期和成熟期干物质量和氮素积累量均呈显著的二次曲线关系，但干物质、氮素积累量最大对应的施氮量受地下水埋深影响，0.6～0.9m埋深为276.83～481.52kg/hm^2，1.2～1.5m埋深为146.25～271.52kg/hm^2。籽粒产量与地上部干物质量、氮素积累量存在显著的相关关系，一般而言，干物质积累量越高，产量越高，物质积累量与产量之间呈显著的正向相关性（叶优良等，2012；王林林等，2013；王永华等，2013）。本研究发现，浅地下水埋深下，冬小麦籽粒产量与地上部干物质、氮素积累量均呈显著的正相关性，这与姜丽娜等（2019）研究相近。除此，本研究还发现冬小麦籽粒氮积累量与地上部干物质和氮素积累量同样表现出显著正向相关性。说明浅地下水埋深下，一定范围内增加施氮量能够促进籽粒产量和籽粒吸氮量增加，但在较大埋深下不应过量增施氮肥。

5.4　小结

（1）施氮和地下水埋深对冬小麦开花期、成熟期器官和植株干物质、氮素积累和转运存在显著交互作用。施氮下存在干物质量和转运量对应最大的最优地下水埋深，0～300kg/hm^{2}施氮对应最优埋深分别为1.5m、1.2m、0.9～1.2m和0.6～0.9m，该埋深随施氮量增加呈递减趋势。施氮0～150kg/hm^2，降低水位可促进冬小麦器官、地上部植株氮素吸收和花前氮素转运，而施氮超过300kg/hm^{2}后，地下水埋深加大将不利于地上部氮素积累和转运。

（2）0.6～0.9m埋深下增施氮肥有助于提升地上部干物质量、氮素积累和转运，而埋深超过1.2m后，施氮150～240kg/hm^{2}干物质量和物质转运量较高，年际持续施氮300kg/hm²反而降低了干物质和开花期地上部植株氮素积累量，而成熟期增施氮肥并未显著促进器官和地上部植株吸氮量，受年际叠加效应施氮处理间差异进一步缩小。

（3）施氮150～240kg/hm²氮素吸收利用率随地下水埋深增加而增加，氮肥偏生产力和氮肥利用率在0.9～1.2m埋深最高；增施氮肥到300kg/hm²后氮肥偏生产力和氮肥利用率随埋深增加呈减小趋势。施氮150kg/hm²氮素吸收利用率、氮肥偏生产力和氮肥利用率最高，平均比240～300kg/hm²施氮处理高出43.18%～79.69%。

（4）浅地下水埋深和施氮主要通过促进地上部器官物质积累和转运来增加产量和氮素积累，但籽粒产量和籽粒氮素吸收量增加会降低物质转运率和花前物质对籽粒产量、籽粒吸氮量的贡献率。

以上可见，地下水埋深较浅增施氮肥有助于提升冬小麦地上部物质合成与转运，而地下水埋深超过1.2m后，年际持续高施氮量会降低冬小麦物质积累和转运，对地下水埋深较大的地区应降低20%～50%施氮量。

6 地下水埋深和施氮对土壤包气带物化特性、氮素表观损失的影响

6.1 概述

　　浅层地下水影响包气带土壤的功能结构、养分形态和含量等，进而作用作物的生长和最终产量形成。对此，针对浅地下水埋深对土壤的理化性状、土壤酶活性和土壤氮素含量等展开了大量研究。Chen et al.（2004）、刘鹏等（2021）研究发现地下水埋深较大区域，地下水对土壤水的影响较小，反之则大；李彬等（2014）研究表明0～100cm土层土壤含水量随地下水埋深加深而降低，土壤表层（0～20cm）盐分受地下水埋深的影响最大；赵西梅等（2017）认为土壤相对含水量与浅地下水埋深呈负相关，1.2m埋深各土层含盐量均最高，而明广辉等（2018）监测发现土壤累积含盐量与地下水埋深呈负指数关系；李翔等（2013）通过室内土柱模拟发现地下水位波动导致硝态氮和铵态氮浓度降低，水位波动幅度越大，越有利于硝态氮向下迁移，同时促进铵态氮向硝态氮转化；土壤硝态氮带负电，当灌水量和降水量过大时，容易向下淋洗迁移，当灌水量相同时，较大地下水埋深会增加土壤硝态氮含量（齐学斌等，2007）；苏天燕等（2021）通过研究0.5～2.0m埋深白草和差巴嘎蒿典型植物群落发现，土壤水解酶和氧化还原酶均随土层加深而降低，而2.0m埋深时，土壤有机碳、全氮、全磷和土壤碳质量指数均随土层深度加深而显著下降；蒲芳等（2022）通过原位浅地下水埋深（1.46～1.74m）黏土包气带氮迁移转化试验发现黏土包气带近饱和状态下，铵态氮和硝态氮易随水分向下迁移，包气带水分近饱和时，黏土

的氮迁移阻滞作用减弱。以上可见，在浅地下水埋深条件下，受地下水的上升作用和植物的生长影响，包气带中土壤元素因水位高低和外界驱动条件而明显变化，尤其是作为植物生长的重要养分来源，氮素的迁移、转化和分布与地下水埋深密切相关，更是备受关注。特别是在农业发展中，一定范围内施氮不仅能够改善土壤结构，在一定程度上激活土壤酶活性，促进土壤养分循环转化，增加氮素投入的效率，进而保障粮食产量（焦晓光等，2011；陈文婷等，2013；刘淑英，2010）。因此，外源施氮成了农业生产的重要措施。但近年来，过量施氮导致的环境污染、养分利用率低等问题越发突出，比如土壤酸化、主要根系层氮素大量盈余、地下水硝酸盐污染等。然而在浅地下水埋深下，如何优化施氮量，施氮是否影响不同包气带厚度土壤的物化性质、氮素分布，浅地下水埋深下增施氮量是否适宜，有无最佳施氮量存在等研究较少。因此，本章重点分析不同浅地下水埋深和施氮量对包气带不同土层土壤含水量、pH值、电导率（EC）、硝态氮、总氮、总磷和土壤脲酶活性的影响，分析浅地下水埋深下的施氮效应，核算包气带内的表观氮素损失状况，探究不同浅地下水埋深条件下的土壤氮素表观盈亏情形。

6.2　结果与分析

6.2.1　土壤含水量

地下水埋深处理下土壤含水量见图6-1。由图6-1可知，各施氮组土壤含水量随土层加深逐渐变大，在纵向剖面上呈"平抛物曲线"分布，其中G1、G2埋深处理含水量在0~60cm增幅较大，G3、G4处理在0~100cm增幅较大。整体上，同层土壤含水量随地下水埋深增加而逐渐降低，其中0~20cm土层NF0施氮下G1处理显著高于G2、G4处理，20~40cm土层NF0、NF150、NF240施氮下各埋深处理间差异显著，但年际持续施氮后，2021年NF150、NF240施氮下G2与G3处理间差异不显著，NF300施氮下G1处理与G3、G4处理间差异显著；40~60cm土层NF0、NF150、NF240施氮下各地下水埋深土壤含水量表现为G1-G2>G3>G4（$P<0.05$），但施氮超过240kg/hm²后，G3、G4处理间无显著差异；60~80cm土层G2处理显著高于

G4处理；土层超过80cm后，G3处理与G4处理差异不显著，且在近水位土层与G1和G2埋深处理土壤含水量差异不大，平均仅相差0.69%，说明浅地下水埋深下土壤含水量的变化集中在0～80cm，其后水位下降并不会明显增加土壤含水量。

（a）2020年

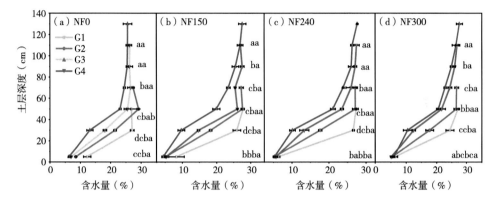

（b）2021年

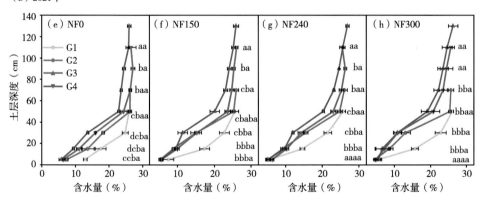

图6-1　施氮组纵向剖面土壤含水量分布

由图6-2可知，0.6～1.5m埋深下，增施氮肥降低了冬小麦主要根系层（0～60cm土层）土壤储水量，尤其是施氮量超过240kg/hm²后主要根系层储水量将显著下降；主要根系层储水量随地下水埋深增加呈显著降低趋势，但施氮量达到300kg/hm²后，G3、G4处理储水量差异不显著，说明过量施氮会加剧土壤干旱，尤其是地下水埋深超过1.2m后表现明显。

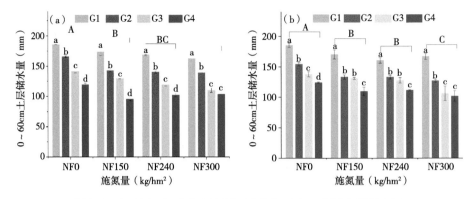

图6-2　2020年（a）与2021年（b）0～60cm土层土壤储水量

6.2.2　土壤pH值

包气带纵向剖面土壤pH值见图6-3。由图6-3可知，整体上，地下水埋深0.6m纵向剖面土壤pH值随土层加深呈反"C"形分布，埋深0.9～1.5m呈反"S"形分布。0.6m埋深极大值位于20～40cm土层，年际间变化相同；0.9m埋深pH值极大值对应土层受年际作用，2020年出现在60～80cm土层，2021年出现在40～60cm土层，年际间呈上升趋势；1.2～1.5m埋深pH值受年际作用，2020年极大值点分别出现在40～60cm、100～120cm（1.2m埋深）和120～140cm（1.5m埋深）土层，2021年分别出现在60～80cm、100～120cm处。此外，1.5m埋深极小值对应土层由2020年80～100cm上移至2021年60～80cm，可见年际叠加作用pH值对应极值有向明显上运移趋势。

由图6-3可知，0～20cm土层NF0、NF150施氮土壤pH值无显著差异，NF240、NF300施氮土壤pH值随地下水埋深增加呈降低趋势，其中2021年G1、G2处理与G3、G4处理差异显著；20～40cm土层土壤pH值随地下水埋深增加而降低，其中G1、G2与G3、G4差异显著；40～60cm年际间变化较大，2021年NF0施氮下G1、G2和G3、G4处理间差异显著，NF150、NF300施氮下G2处理pH值最高，与其他埋深处理差异显著。受地下水上升和持续施氮作用，2020年和2021年NF0施氮下60～80cm土层pH值最大值出现在G2处理，显著高于G4处理，而2021年NF150、NF300施氮下pH值最大值则出现在G3处理，且显著高于G4处理；80～120cm土层，整体上G3处理pH值较高。

（a）2020年

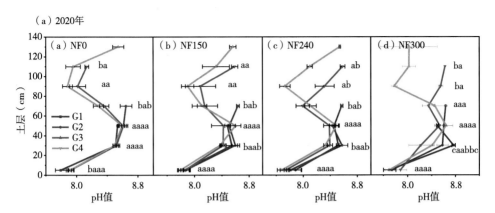

（b）2021年

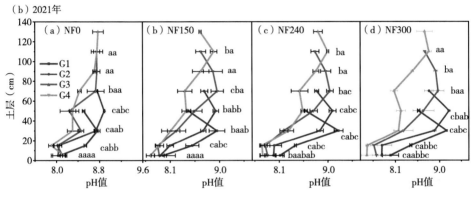

图6-3　各施氮条件下纵向剖面土壤pH值

注：不同小写字母表示同一施氮下不同地下水埋深处理间差异显著，*P*<0.05。

由图6-4可知，0～20cm土层土壤pH值随施氮量增加呈降低趋势，G1、G2埋深下，各施氮处理间差异不显著，当地下水埋深达到G3、G4后，NF0、NF240和NF300处理间差异显著；G1、G2埋深下20～40cm土层pH值随施氮量增加而升高，G1埋深下NF300处理显著高于NF0、NF150处理；G3、G4埋深下表现相反，NF0、NF150处理土壤pH值较高；40～60cm土层年际变化较大，2021年土壤pH值随施氮量增加呈上升趋势，其中G1、G2埋深下NF240、NF300处理显著高于NF0处理，值得注意的是当埋深增至G4时，NF300施氮pH值显著低于其余施氮处理，这可能是因为G4埋深处理冬小麦生长较弱，地下水消耗量少，下层物质上移较少，而施氮释放氢离子，致使pH值降低，换言之，施氮的土壤致酸效应强于浅水位的盐碱效应；60～80cm土层2021年G3埋深下施氮处理显著高于不施氮处理，而G4埋深下NF300施氮处理pH值显著降低；80～120cm土层G3埋深下土壤pH值随施氮量增加呈升高趋势，2020年施氮处理显著高于不施氮处理，随着土层加深，G4埋深下NF150、NF240处理pH值较高，在100～120cm土层下显著高于NF300处理。

（a）2020年

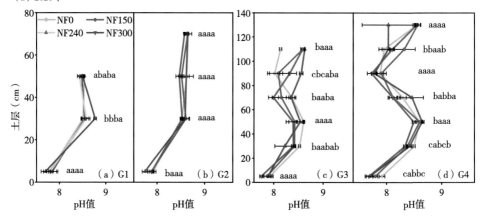

（b）2021年

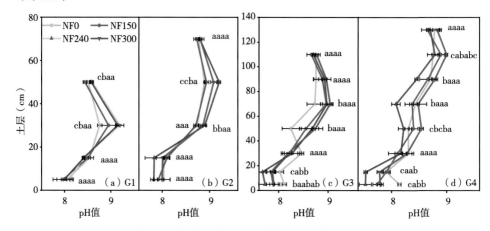

图6-4　各地下水埋深下纵向剖面土壤pH值

注：不同小写字母表示同一地下水埋深下不同施氮处理间差异显著，$P<0.05$。

6.2.3　土壤剖面电导率（EC）

施氮条件下包气带纵向剖面土壤电导率（EC）随地下水埋深演变规

律见图6-5。由图6-5可知，施氮下包气带纵向剖面土壤EC随土层加深呈"S"形曲线分布（不施氮G1埋深处理呈"C"形），各处理下临近水位处电导率明显降低至较小值。G1、G2、G3、G4埋深处理2020年极大值所在土层分别为20～40cm、40～60cm、60～80cm（NF0施氮为80～100cm）和80～100cm，2021年分别对应20～40cm、20～40cm、20～40cm（NF0为40～60cm）和40～60cm，可见年际持续控水下，G2、G3、G4埋深处理可溶性盐分有明显上移趋势。

（a）2020年

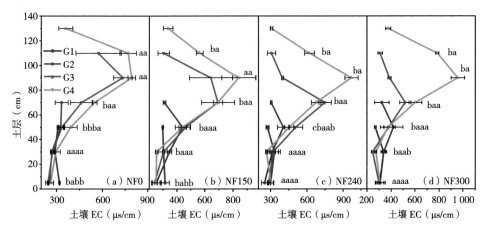

（b）2021年

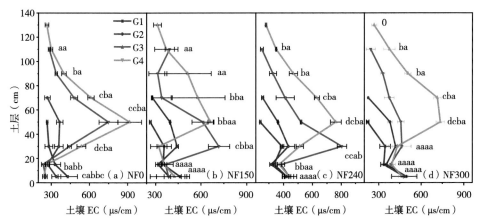

图6-5 施氮条件下包气带纵向剖面土壤EC随地下水埋深演变规律

注：不同小写字母表示同一施氮下不同地下水埋深处理间差异显著，$P<0.05$。

由图6-5可知，0～20cm土层NF0、NF150施氮下土壤EC随地下水埋深增加呈降低趋势，其中NF0施氮下G1处理显著高于G2、G3、G4处理；20～40cm土层NF0施氮下土壤EC随地下水埋深有增加趋势，2021年表现明显，其中G1与G4处理差异显著，NF150施氮下G3处理EC较高，与G4处理差异显著；40～60cm土层，土壤EC随地下水埋深增加而呈现出明显上升趋势，尤其是2021年NF0、NF150施氮下，G3、G4处理显著高于G1、G2处理，而当施氮≥240kg/hm²后，各埋深处理间差异显著，可能与土层距离水位的远近有关，G1、G2埋深40～60cm土层位于水位附近，地下水上升逆向淋洗土壤，盐分上移，剩余盐分降低，而G3、G4埋深该土层距离水位较远，逆向淋洗效应弱，需容纳下层和上层运移而来的多余可溶性盐分，从而该土层可溶性盐分明显上升，这在试验进行两年后表现十分明显；60～80cm土层，土壤EC随地下水埋深增加而增加，G4处理与G2处理差异显著。年际持续控水和施氮后，2021年各埋深处理间差异显著；80～120cm土层，G4处理土壤EC高于G3处理，NF240、NF300施氮下差异显著，2021年较2020年土壤EC明显降低，NF0、NF150、NF240、NF300施氮平均分别降低90.84%、25.44%、17.93%和17.37%，明显可见该下降比例随施氮量增加而降低，这可能与冬小麦水分消耗强度有关，高强度水分吸收引发大通量水分上升逆向冲洗土壤而降低了含盐量。

由图6-6可知，施氮对包气带土壤EC作用显著，0～20cm土层G2、G3、G4埋深下土壤EC随施氮增加呈上升趋势，其中G3、G4埋深下，NF240、NF300处理显著高于NF0、NF150处理；20～40cm土层G1、G2埋深下施氮处理显著高于不施氮处理；40～60cm土层G1埋深下NF0、NF150处理显著高于NF240、NF300处理，G3、G4埋深下2021年不施氮处理显著高于施氮处理；60～80cm土层，2020年NF150、NF240处理显著高于NF0和NF300处理，但2021年各施氮处理间差异不显著；80cm土层以下，G3、G4埋深下各施氮间变异较大，年际作用下明显降低，2020年G4埋深下NF300处理电导率较高，2021年有下降趋势。

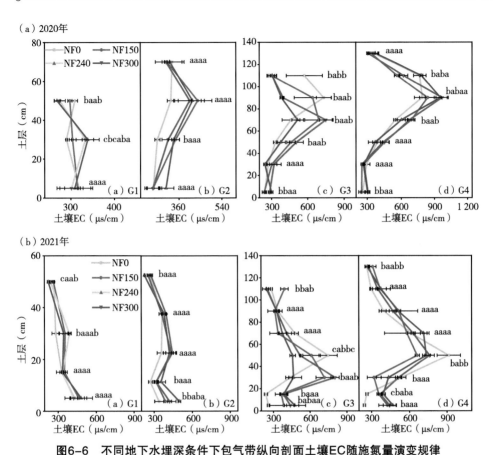

图6-6 不同地下水埋深条件下包气带纵向剖面土壤EC随施氮量演变规律

注：不同小写字母表示同一地下水埋深下不同施氮处理间差异显著，$P<0.05$。

6.2.4 土壤剖面无机氮素

6.2.4.1 包气带剖面土壤硝态氮含量分布

由图6-7可知，土壤硝态氮含量受不同地下水埋深和施氮影响显著，G1、G2埋深土壤硝态氮随土层加深而逐渐降低，在包气带纵向剖面呈"C"形；G4埋深硝态氮含量随土层加深呈先减后增再减的"S"形曲线，极小值出现在20~40cm土层（2020NF0施氮为40~60cm土层），2020和2021年极大值分别出现在80~100cm和40~60cm土层（2021年NF0施氮为60~80cm土层），年际呈上升趋势；G3埋深包气带剖面硝态氮于2020年和2021年分别呈"S"形、"C"形，NF0施氮下2020年极小值和极大值分别位于60～80cm和80～100cm土层，而NF150、NF300施氮分别为20～40cm和60～80cm土层，可能是因为施氮促进了土壤硝态氮剖面运移。值得一提的是，各地下水埋深处理硝态氮含量在临近水位的土层显著降低，趋近于0。综合而言，0.6～1.5m埋深包气带20～40cm土层硝态氮含量低，说明浅地下水埋深下冬小麦主要消耗20～40cm土层硝态氮。

同一施氮水平下包气带纵向剖面土壤硝态氮含量随地下水埋深演变规律见图6-7。由图6-7可知，整体上，不同施氮下土壤硝态氮含量随地下水埋深增加而增加，各埋深间差异与土层深度有关。0～20cm土层G3、G4处理显著高于G1、G2处理（2021年NF0施氮组除外），20～40cm土层2021年NF150、NF300施氮下G4处理显著高于G1、G3处理；40～60cm土层NF0、NF150施氮下G4处理显著高于G1、G2处理，NF240、NF300施氮下G3与G4处理显著高于G1与G2处理；60～80cm土层G4处理高于G2、G3处理，差异显著；80～120cm土层，G4处理显著高于G3处理。

（a）2020年

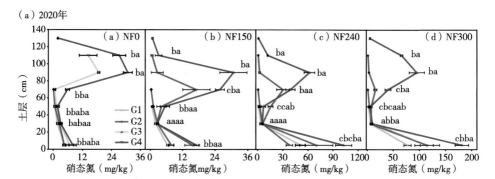

（b）2021年

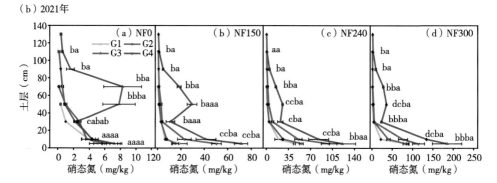

图6-7　不同施氮量下包气带剖面土壤硝态氮含量随地下水埋深变化

注：不同小写字母表示同一施氮下不同地下水埋深处理间差异显著，$P<0.05$。

同一地下水埋深水平下包气带纵向剖面硝态氮含量随施氮量演变规律见图6-8。由图6-8可知，浅地下水埋深条件下，增施氮肥极大促进了土壤包气带硝态氮残留，各施氮处理硝态氮残留量之间的差异受土层深度和地下水埋藏深度影响。0~20cm土层，G1埋深下NF240、NF300处理显著高于NF0、NF150处理，当埋深达到G2后，NF300>NF240>NF0、NF150（$P<0.05$）；20~40cm土层各施氮处理间硝态氮残留量表现为NF240、NF300>NF0、NF150（$P<0.05$）；整体上，随着土层加深，40~140cm土层不施氮处理土壤硝态氮残留量显著降低，低于施氮处理，但在100~120cm土层存在NF0大幅增加，可能与作物生长引起剖面土壤硝态氮纵向剖面运移不同有关，施氮处理受年际变化和地下水埋深影响，NF150施氮处理值较低，G2埋深下显著低于NF300施氮处理。

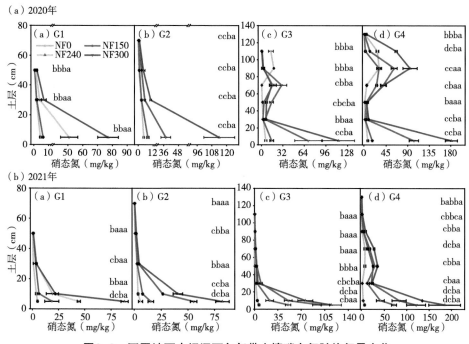

图6-8 不同地下水埋深下包气带土壤硝态氮随施氮量变化

注：不同小写字母表示同一地下水埋深下不同施氮处理间差异显著，$P<0.05$。

6.2.4.2 0~60cm土层土壤硝态氮累积量

地下水埋深下0~60cm土层硝态氮累积量随施氮量变化演变规律及施氮

条件下0~60cm土层硝态氮累积量随地下水埋深变化规律见图6-9。

由图6-9a和图6-9b可见，浅地下水埋深条件下，0~60cm土层硝态氮残留量随施氮量增加而增加。2020年相较于不施氮处理，NF150施氮处理硝态氮累积量增加不显著，NF300、NF240与NF150三者间差异显著；相比NF150施氮处理，G1、G2、G3、G4埋深下NF240与NF300施氮处理分别增加了4.92~8.12倍、2.80~9.56倍、3.05~4.64倍和3.49~6.70倍（图6-9a）。2021年硝态氮累积量随施氮增加显著增加，各施氮处理间差异显著；相比NF150处理，G1、G2、G3、G4埋深下NF240与NF300施氮处理分别增加1.09~2.86倍、1.99~3.34倍、0.97~1.40倍和0.48~1.15倍，增幅随地下水埋深增加有所降低，说明地下水埋深较大，即使持续低水平施氮也容易引起土壤硝态氮积累量增加，而高施氮量因土壤本身性质，对硝态氮的吸持能力有限而容易通过其他途径损失（图6-9b）。对比年际间施氮与不施氮

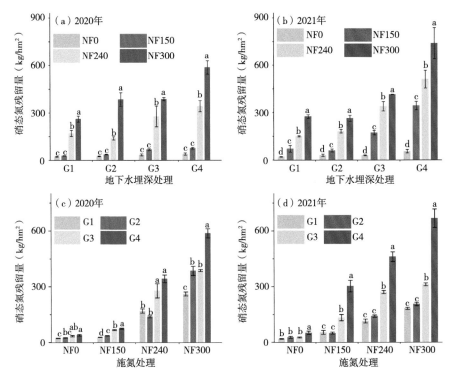

图6-9　0~60cm土层硝态氮累积量

注：图a、b中，不同小写字母表示同一地下水埋深下不同施氮处理间差异显著，$P<0.05$；

　　图c、d中，不同小写字母表示同一施氮下不同地下水埋深处理间差异显著，$P<0.05$。

的关系，不难发现，浅地下水埋深下2020年施氮150kg/hm²相比不施氮处理并未在0～60cm土层引发显著的硝态氮累积，而2021年相比增幅十分明显，240～300kg/hm²施氮硝态氮残留量仍然处于高值水平，但增幅较低，说明除不施氮冬小麦生长2021年进一步消耗土壤氮素，致使施氮处理与不施氮处理间差异加大外，更为重要的是浅地下水埋深下施氮容易引发土壤硝态氮累积，累积增幅在高施氮量和年际持续施氮条件下表现更为明显。

由图6-9c和图6-9d可知，地下水埋深加大显著增加0～60cm土层硝态氮残留量。2020年NF0、NF150、NF240施氮下G3与G4处理显著高于G1与G2处理，平均高出53.85%～122.43%，NF300施氮下G4>G2、G3>G1处理，差异显著，相较于G1处理，G2、G3、G4处理平均高出47.69%～124.46%；2021年NF0施氮下G4处理显著高于G1、G2、G3处理，平均高出111.68%，NF150、NF300施氮下G4>G3>G1、G2处理，差异显著，相较于G1、G2处理，G3、G4平均分别增加0.60～1.55倍和2.43～4.80倍。这可能是因为本试验灌水量较小，高水位作用下地下水与外界环境交换频繁，容易形成厌氧环境，导致反硝化等氮素损失量较大，而低水位作用下0～60cm土层受作物生长吸水和大气蒸发而使地下水分向上运移产生的顶托效应，上层氮素下移阻力较大，且可能承接下层因水位上升携入的氮素，致使0～60cm土层硝态氮累积量明显升高。

6.2.4.3 包气带土壤无机氮累积量

地下水埋深条件下包气带土壤无机氮积累量随施氮量变化规律见图6-10。由图6-10可知，浅地下水埋深下，增施氮肥显著加大包气带无机氮（硝态氮、铵态氮）累积残留，各施氮处理间差异随年际叠加施氮而加大。2020年包气带无机氮累积量表现为NF300>NF240>NF0、NF150（$P<0.05$）（G3埋深除外），相比NF0、NF150处理，NF240和NF300处理平均分别增加1.35～3.09倍和3.08～6.22倍（图6-10a）；2021年各施氮处理间差异显著，相比NF0处理，NF150、NF240和NF300处理平均增加2.81～5.49倍、0.91～3.14倍和4.63～6.91倍（图6-10b）。说明有限灌水条件下，施氮会引发浅地下水埋深区包气带土壤无机氮累积，尤其是低水位高施氮量会显著增加包气带无机氮素积累，对地下水氮含量存在较大潜在威胁。

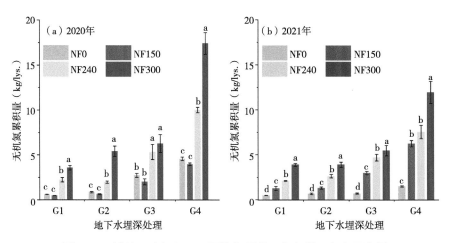

图6-10　浅地下水埋深下不同施氮量处理包气带无机氮累积量

注：不同小写字母表示同一地下水埋深下不同施氮处理间差异显著，$P<0.05$。

6.2.5　包气带总氮含量

相同施氮水平下不同地下水埋深处理包气带剖面总氮含量见图6-11。由图6-11可知，包气带纵向剖面土壤总氮含量随土层加深逐渐降低。0～20cm土层，NF0、NF150、FN240施氮下土壤总氮随地下水埋深增加呈上升趋势，其中2021年NF0施氮下G4处理与G1、G2、G3处理差异显著，NF240施氮下G2、G4处理与G1处理差异显著，而NF300施氮下表现相反。20～60cm土层，NF0、NF150、NF240施氮下整体上各地下水埋深处理间差异不显著，但随着施氮的持续升高和年际施氮控水的叠加效应，2021年NF240施氮下G4处理40～60cm土层总氮有所降低，与G2、G3处理差异显著，当施氮量达到300kg/hm²时，土壤总氮随地下水埋深增加呈降低趋势，G4处理相比G1、G2处理显著降低9.79%～15.43%。60～120cm土层，NF0、NF150施氮下总氮含量随地下水埋深增加仍旧呈升高趋势，但整体上差异不显著；施氮达到240kg/hm²时，G3处理总氮相应较高，其中2021年80～100cm土层显著高于G4处理；施氮持续增至300kg/hm²，土壤总氮含量随埋深增大而降低，其中60～100cm土层G4处理相较于G2、G3处理平均显著降低20.00%～26.62%。

（a）2020年

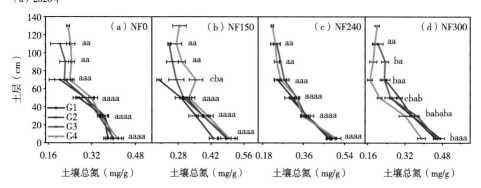

（b）2021年

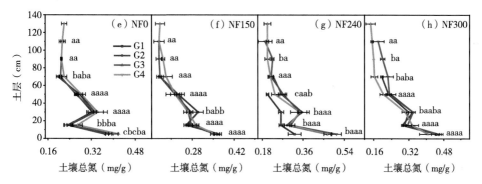

图6-11　不同施氮量下包气带剖面土壤总氮含量随地下水埋深变化

注：不同小写字母表示同一施氮下不同地下水埋深处理间差异显著，$P<0.05$。

相同地下水埋深水平下不同施氮处理包气带纵向剖面土壤总氮分布见图6-12。由图6-12可知，0～20cm土层，G1埋深下NF150、NF300施氮处理总氮含量相应较高，但受年际间影响较大，G2、G3埋深下土壤总氮在NF240、NF300处理下值最高，其中G2埋深下显著高于NF0、NF150处理；40～60cm土层G2埋深下NF240处理总氮最高，而在G4埋深下NF300施氮总氮含量显著降低，比NF0、NF150、NF240处理平均下降17.94%～35.71%；G2、G3埋深下，60～100cm土层NF240处理总氮最高，2021年与其他施氮处理差异显著；G4埋深下，60～140cm土层NF150、NF240处理土壤总氮含量较高，NF300处理显著降低，比NF0、NF150、NF240处理平均降低19.28%～40.47%。

（a）2020年

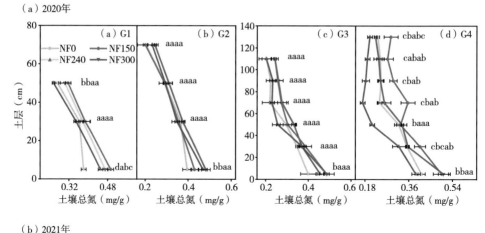

（b）2021年

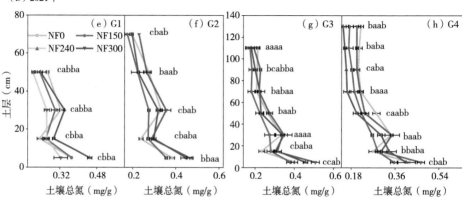

图6-12 不同地下水埋深包气带剖面土壤总氮含量随施氮量变化

注：不同小写字母表示同一地下水埋深下不同施氮处理间差异显著，$P<0.05$。

6.2.6 包气带总磷含量

相同施氮水平下不同地下水埋深处理包气带剖面总磷含量见图6-13。由图6-13可见，包气带剖面土壤总磷含量随土层加深逐渐减小，在纵向剖面呈"C"形。整体上，2020年地下水埋深对土壤总磷含量的作用不显著，随着年际累积施氮和持续控水，2021年NF150、NF240、NF300施氮处理下各层土壤总磷含量随地下水埋深增加呈降低趋势，其中NF150、NF300施氮下20～60cm土层G1、G3处理显著高于G4处理，平均高出14.60%～15.13%和9.26%～10.03%。

（a）2020年

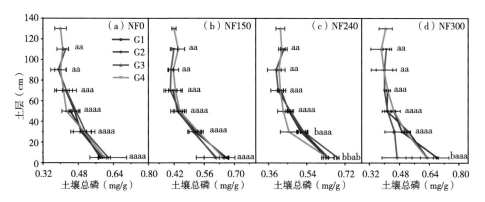

（b）2021年

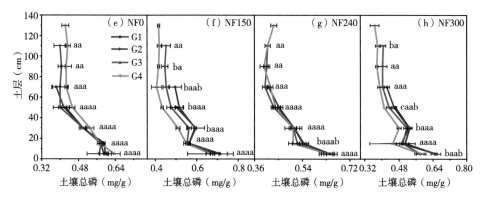

图6-13　不同施氮量下包气带剖面土壤总磷含量随地下水埋深变化

注：不同小写字母表示同一施氮下不同地下水埋深处理间差异显著，*P*<0.05。

相同地下水埋深水平下不同施氮处理包气带剖面土层总磷含量见图6-14。由图6-14a～d可知，整体上，2020年总磷含量随施氮量增加呈先增后减趋势，G1、G2、G3埋深下各土层NF240处理总磷含量较高，G4埋深下NF150处理含量较高，但各施氮处理间差异并不显著；随着年际持续施氮和控水作用，2021年G1、G2、G3埋深下总磷随施氮量先增后减，NF150处理含量较高，在0～60cm土层显著高于NF240、NF300处理，平均分别高出9.74%～14.74%、7.99%～14.47%和4.89%～15.15%（图6-14e～g）；G4埋深下总磷含量随施氮量增加呈下降趋势，NF0处理含量较高，在40～140cm土层NF0、NF150处理显著高于NF300处理，平均高出6.84%～14.55%（图6-14h）。可见，施氮和控水的叠加效应对土壤总磷含量作用显著，施氮量对应最大总磷含量随着地下水埋深增加而降低，在0.6～1.2m埋深下最佳施氮量为150～240kg/hm²，1.5m埋深下最佳施氮量则为0～150kg/hm²。

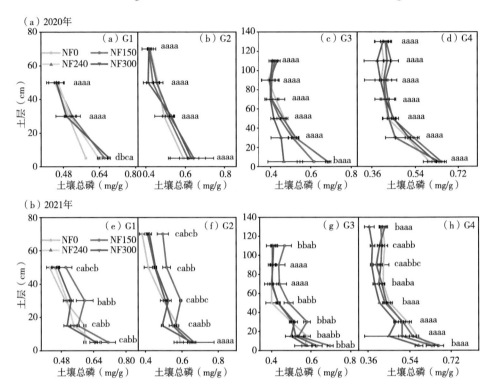

图6-14　不同地下水埋深包气带剖面土壤总磷含量随施氮量变化

注：不同小写字母表示同一地下水埋深下不同施氮处理间差异显著，$P<0.05$。

6.2.7　土壤脲酶活性

相同施氮水平下包气带剖面土壤脲酶活性随地下水埋深变化规律见图6-15。由图6-15可见，浅地下水埋深和施氮作用下土壤脲酶活性随包气带土层加深逐渐降低。0～20cm土层2020年浅地下水埋深对土壤脲酶活性无显著影响（图6-15a），2021年土壤脲酶活性随地下水埋深增加呈上升趋势，其中G4处理显著高于G1处理（图6-15b）；20～40cm土层地下水埋深增加加强了土壤脲酶活性，但受施氮量影响，其中2021年NF0、NF150施氮下G3与G4处理显著高于G1与G2处理（图6-15e、f），平均高出17.89%～34.86%；40～60cm土层NF0、NF150施氮下G3与G4处理显著高于G1与G2处理（2021

年NF0施氮组除外），平均高出15.69%～67.80%。施氮量持续增加后年际间差异明显，其中2021年NF240、NF300施氮下脲酶活性随地下水埋深增加而增加，G3、G4处理显著高于G1、G2处理，平均高出28.07%～28.13%；60～120cm土层土壤脲酶活性随地下水埋深变化规律与上土层表现相同，即随地下水埋深增加而增加，其中60～80cm土层，G4处理显著高于G2、G3，80～100cm土层，G4处理显著高于G3处理（2020年NF0、NF240施氮组除外），平均高出46.75%～12.19%和41.05%～111.03%。

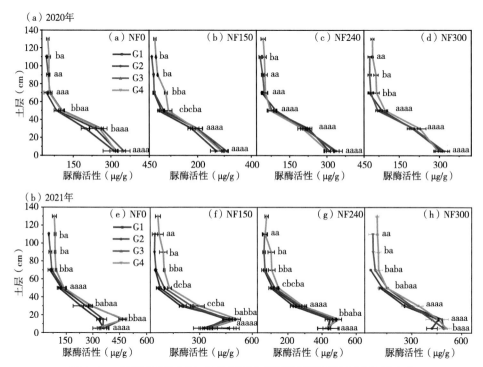

图6-15 不同施氮量下包气带剖面土壤脲酶活性随地下水埋深变化

注：不同小写字母表示同一施氮下不同地下水埋深处理间差异显著，$P<0.05$。

同一地下水埋深水平包气带剖面土壤脲酶活性随施氮量变化规律见图6-16。由图6-16可知，地下水埋深下施氮量和年份对包气带剖面土壤脲酶活性作用明显。0～20cm土层土壤脲酶活性受年际作用，2020年NF240处理土壤酶活性相对NF150和NF300施氮较高，但除G2埋深外其余地下水埋深下均未达到显著水平（图6-16a），2021年土壤酶活性随施氮量增加有上升趋势，整体上显著高于NF0施氮处理（图6-16f～h）；20～40cm土层G1、

G2埋深下NF240与NF300处理相比NF150处理较高，2020年G1埋深与2021年G2埋深下差异达到显著水平（图6-16a、f）；G1、G2埋深下，40～60cm土层NF240、NF300处理显著高于NF150处理，平均高出39.14%～79.02%，而G4埋深下各施氮处理间无显著差异；随着包气带土层的加深和地下水埋深的增加，G2、G3埋深下，NF240、NF300处理仅在2020年100～120cm土层和2021年60～100cm土层显著高于NF150处理（图6-16c、g），其余土层各施氮处理间无显著差异，尤其是G4埋深下60～140cm土层NF0、NF150、NF240、NF300处理间未达到显著性差异（图6-16d、h），说明0.6～1.2m

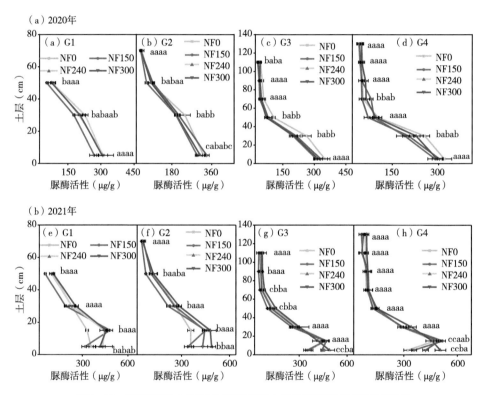

图6-16 不同地下水埋深包气带剖面土壤脲酶活性随施氮量变化

注：不同小写字母表示同一地下水埋深下不同施氮处理间差异显著，$P<0.05$。

埋深下施氮对土壤脲酶活性的作用土层主要集中于冬小麦的主要根系层，增加施氮量有效促进较浅埋深0～60cm土层脲酶活性，而随着地下水埋深增至1.5m后，增施氮肥的作用土层深度将降至0～40cm。

6.2.8 氮素表观平衡及损失量估算

浅地下水埋深下不同施氮处理间包气带氮素表观损失量分析见表6-1。

表6-1 浅地下水埋深下不同施氮处理间包气带氮素表观损失量

地下水埋深	施氮	矿化量（g/lys.）	损失量（g/lys.）
	NF150	0.47 ± 0.03	0.38 ± 0.32e
G1	NF240	0.47 ± 0.03	2.23 ± 0.13c
	NF300	0.47 ± 0.03	2.22 ± 0.06c
	NF150	0.50 ± 0.04	0.33 ± 0.05e
G2	NF240	0.50 ± 0.04	1.27 ± 0.09cd
	NF300	0.50 ± 0.04	4.02 ± 0.59b
	NF150	−1.27 ± 0.25	−1.96 ± 0.32
G3	NF240	−1.27 ± 0.25	0.81 ± 1.21de
	NF300	−1.27 ± 0.25	1.77 ± 1.29cde
	NF150	−1.77 ± 0.31	−3.73 ± 0.40
G4	NF240	−1.77 ± 0.31	2.10 ± 1.24cd
	NF300	−1.77 ± 0.31	6.04 ± 0.64a

注：计算时间为2021年冬小麦季。不同小写字母表示不同处理间差异显著，$P<0.05$。

由表6-1可知，包气带土壤矿化量和表观损失量受地下水埋深和施氮影响显著。G1、G2埋深，包气带氮素矿化作用明显，氮素表观损失量随施氮量增加逐渐上升，其中G2埋深下NF300>NF240>NF150（$P<0.05$），NF240、NF300处理比NF150处理显著高出4.86～7.02倍，说明G1、G2埋深下增施氮肥会加重土壤氮素损失，损失路径可能主要是土壤氮素反硝化损失。G3、G4埋深，包气带氮素矿化作用弱，可能是因为G3、G4埋深在地下水的作用下增强了包气带土壤的氮素固持和氮固定能力，损失量表明NF150施氮处理在G3、G4埋深下作物氮素吸收利用量较大，土壤氮库表现为亏缺状态，但施氮量超过150kg/hm²后，包气带氮素损失随施氮量增加显著增加，尤其是NF300G4组合处理，氮表观损失量显著高于其余施氮和地下水埋深组合处理，是其他组合处理的1.50～15.89倍，说明在较大地下水埋深增施氮肥同样会造成氮素损失，但损失路径可能与较浅地下水处理不同。

6.2.9 Pearson相关性分析

包气带剖面土层土壤理化性状相关性分析见图6-17。

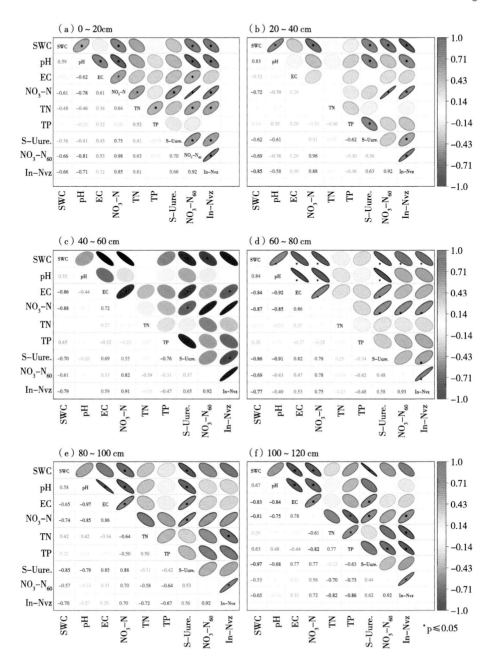

图6-17 包气带土层土壤理化性状相关性分析热图

注：图中SWC、pH、EC、NO₃-N、TN、TP、S-Uure.、NO₃-N₆₀、In-Nvz分别表示土壤含水量、pH值、电导率、硝态氮、总氮、总磷、脲酶活性、0～60cm土层硝态氮累积量和包气带无机氮累积量。

由图6-17可知，0～80cm土层土壤含水量与pH值呈显著正相关关系，与硝态氮、0～60cm土层硝态氮累积量和包气带无机氮累积量均呈显著负相关关系。0～20cm和60～120cm土层，pH值与土壤EC、硝态氮含量呈显著负相关关系，其中20～60cm土层内呈负相关（$P>0.05$）。除20～40cm土层外，土壤EC与硝态氮含量、脲酶活性均呈显著正相关关系。硝态氮含量与脲酶活性、包气带氮素累积量均呈显著正相关关系，土层间有细微差别。0～80cm土层土壤脲酶活性与包气带无机氮积累量呈显著正相关关系。

6.2.10　土壤0～60cm硝态氮累积量与施氮量的响应分析

由图6-18可知，2020年和2021年主根系层（0～60cm）土壤硝态氮累积量与地下水埋深的拟合曲线表明，冬小麦0～60cm土层硝态氮残留量与地下水埋深呈极显著的开口向上二次曲线关系。通过二次曲线的变化趋势可见，拟合曲线随施氮量增加有向上平移趋势，曲线形状较为相似，施氮处理曲线弯曲幅度明显大于不施氮处理，年际累积施氮曲线弯曲幅度进一步增强，弯曲点多位于0.9m埋深以后。同时，在各施氮条件下，0.6～0.9m地下水埋深，土壤硝态氮残留累积值增幅较小，而当地下水埋深超过0.9m后，各施氮处理条件下硝态氮累积量大幅上升。拟合曲线开口向上，说明当地下水埋深超过0.9m后0～60cm土层硝态氮残留量可能急剧增加，这和产量与地下水埋深开口向下的二次拟合曲线方向相反，表明存在一个临界土壤硝态氮残留阈值下产量最优的施氮量。

在0.6～1.5m埋深条件下，0～60cm土层硝态氮残留量同样与施氮量呈显著的二次曲线关系，结果见图6-19。结果表明，在0～150kg/hm²施氮下，硝态氮累积量增幅较小，这在2020年表现明显，而第二年增幅明显加强，这是因为第二年累积施氮致使1.2m埋深下土层硝态氮累积量显著增加。将该拟合曲线和产量与施氮量拟合曲线相对比可见，二者的开口方向相反，取对应产量最佳的施氮247.70kg/hm²和227.74kg/hm²可计算获取0～60cm土层硝态氮残留阈值，2020年和2021年分别为250.21kg/hm²和279.89kg/hm²，年际间主根系层硝态氮残留量有略微增加趋势。

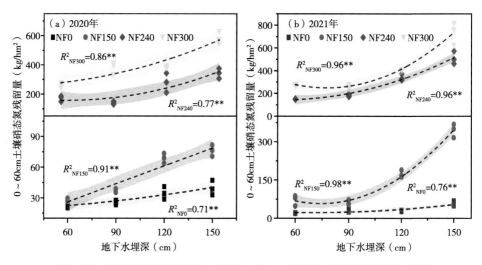

图6-18　各施氮组不同地下水埋深0～60cm土壤硝态氮残留量拟合曲线

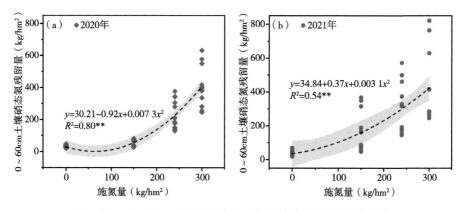

图6-19　0～60cm土壤硝态氮残留量随施氮量变化拟合曲线

6.2.11　施氮对浅地下水埋深下纵向剖面总氮、总磷分布规律解析

浅地下水埋深纵向剖面总氮、总磷分布结果见图6-20。由图6-20可知，0.6～0.9m埋深下土壤总氮、总磷随土层加深线性降低，各施氮处理斜率为-0.004～-0.003（图6-20a～b，e～f），这可能与冬小麦主要根系位于0～60cm土层有关，NF300处理倾斜程度相对较大，说明较浅埋深处理增加施氮量会促进根系生长，加强更深土壤氮库、磷库消耗。1.2～1.5m埋深下，

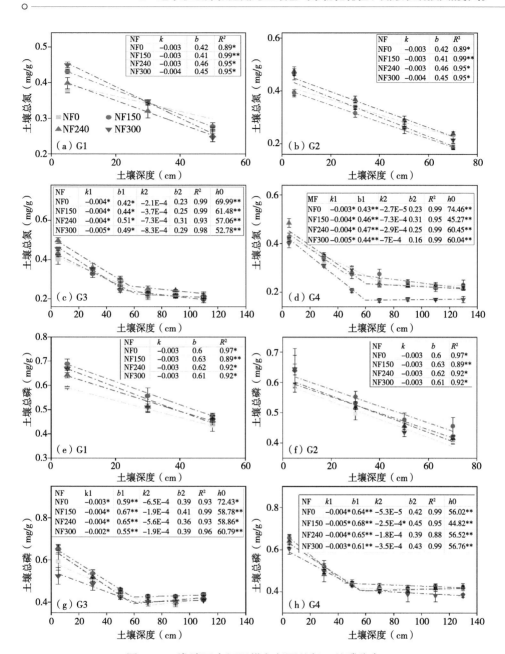

图6-20 浅地下水埋深纵向剖面总氮、总磷分布

注：图中k、b分别表示直线斜率和截距（其中$k1$、$k2$分别表示分段拟合直线的第一、二段直线斜率，$b1$、$b2$分别表示第一、二段直线截距）；$h0$表示分段直线拟合的转折点对应土层深度；*表示$P<0.05$，**表示$P<0.01$。

土壤总氮、总磷随土层增加呈先线性降低到一定值后（$P<0.05$），几乎维持平直趋势（$P>0.05$，$k2$趋近于0，NF300G4处理总磷除外），总氮、总磷线性降低段斜率分别为$-0.005 \sim -0.003$和$-0.005 \sim -0.002$，NF300处理总氮直线倾斜程度相对较大，而总磷相对平缓（图6-20c~d，g~h）。分段线性拟合交点可反映总氮、总磷随土层深度加深逐渐降低至趋于平缓的临界土层深度$h0$，其中1.2m埋深下NF0、NF150、NF240、NF300施氮处理对应$h0$分别为$69.99 \sim 72.43cm$、$58.78 \sim 61.48cm$、$57.06 \sim 58.86cm$和$52.78 \sim 60.79cm$（图6-20c，g），可见$h0$随施氮量增加呈降低趋势，尤其是不施氮处理比施氮处理大，这可能是因为不施氮处理作物为汲取更多养分，根系下扎较深所致；1.5m埋深下，不施氮处理总氮$h0$明显高于施氮处理，总磷之间差异较小（NF150处理除外），说明1.2~1.5m埋深下，高量施氮不利于冬小麦吸收利用较深土层养分。

6.3 讨论

6.3.1 施氮和水位对土壤pH值和盐分的影响

在地下水浅埋深区下层水分受作物生长和地表大气蒸发向上运移，将地下水中的盐分带入表层土壤，引发土壤盐碱胁迫，不利于作物生长（孔繁瑞等，2009）。本研究发现，土壤盐分除受地下水埋深影响外，还与施氮量和土层深度密切相关。表层土，施氮量较小，土壤盐分随地下水埋深增加而降低，与前人研究相近（孔繁瑞等，2009）；而随着土层加深和施氮量增加，土壤盐分表现为随地下水埋深增加而增加，这可能与本试验地下水矿化度较低有关，且施氮量在一定程度上增加土壤盐分，引起土壤盐渍化（曹和平等，2022）。过量施氮会降低土壤酸碱性，本研究发现，施氮对土壤酸碱性的作用效应受浅地下水埋深影响。在较浅地下水埋深下，土壤pH值随施氮量增加而增加，这可能是因为试验供试土壤为碱性土，地下水埋深浅，地下水上升携带碱性物质向上运移，进而加大了土壤碱性，而对较大地下水埋深，地下水向上运移路径较长，增加施氮量土壤硝态氮等致酸离子浓度高，土壤pH值降低（梁运江等，2011）；而在相同施氮量下，地下水埋深较小

0～60cm土层的土壤pH值相对较高，与Zhang et al.（2018）研究相近。

6.3.2　施氮和水位对0～60cm土层冬小麦水分及氮、磷含量的影响

浅层地下水受作物根系吸水和蒸腾拉力作用，通过土壤毛细孔隙向上补水，显著改变土壤水分含量，是作物重要的水分来源之一（Kroes et al.，2018）。在满足作物需水的同时地下水也会影响作物生长环境，引发土壤氮相关反应（Zhou et al.，2016；Moitzi et al.，2020；Chen et al.，2002），造成土壤养分损失（Li et al.，2021b）。地下水埋藏深度是土壤含水量的主要限制因子，埋藏越浅，地下水和土壤水转化越活跃，土壤含水量越高（肖俊夫等，2010），但这会降低根系层土壤氧气含量，土壤反硝化强度可能会加强（刘鑫等，2021）；而低水位水分补给较弱，土壤含水量显著降低，在有限灌溉或降雨下，因地下水蒸发和作物吸收，影响了氮素纵向剖面的迁移转化，氮素可能在作物根系层富集（孔繁瑞等，2009）；且较小埋深还会提升作物对硝态氮的利用（孔繁瑞等，2009），土壤硝态氮残留可能进一步降低，因此硝态氮容易在较厚包气带中富集（Ascott et al.，2017）。Ruiz et al.（2021）研究发现在地下水埋深0.7～2.0m时，不施氮冬小麦—大豆和大豆种植区收获后0～60cm土层硝态氮累积量为50～74kg/hm²，该值高于本研究，这可能是因为本研究相对地下水埋深更浅，氮损失量更多，且大豆因固氮作用能保持更多的氮素。施氮能够促进作物生长，是实现作物稳产高产的主要农业措施（Robertson et al.，2009），但施氮会增加土层硝态氮含量，降低土壤水分含量，引发土壤干旱（王西娜等，2016），硝态氮残留量可能随生育进程推进不断累积（Ruiz et al.，2021），尤其是过量施氮会加剧土壤硝态氮残留，本研究发现硝态氮残留累积量随施氮量增加而显著增加，与Guo et al.（2021）和Zhang et al.（2020）研究相近，这可能导致低水位作物生长不良，甚至减产。

除此，施氮和地下水埋深对土壤包气带养分的赋存状态和环境存在明显的耦合关系。0.6～0.9m埋深下0～150kg/hm²施氮量可能不足，作物表现为养分亏缺（Yue et al.，2019），240～300kg/hm²施氮量能有效供给土壤—作物体系养分，弥补了高水位下高强度的反硝化、浸融等氮素损失（Zhou et al., 2018；刘鑫等，2021；Li et al., 2021b），保证了作物生长；埋深0.9～1.5m施氮150～240kg/hm²则适中，能促进作物增产，而300kg/hm²施氮下，包气带厚，施氮量高，土壤氮素积累量较大（Xin et al., 2019；Ascott et al., 2017），不利于作物生长及产量形成（Si et al., 2020）。说明增施氮量能缓解作物对高水位渍害胁迫等不利环境的抗逆能力和补充氮素，而低水位则可能加剧硝态氮累积而对作物生长不利。因此，地下水埋深影响作物生长和产量的一个实质可能是土壤养分和作物根系环境的互作过程，这可能是不同研究得出结果不同或未出现最优地下水位的一个主要原因。

土壤氮、磷含量是表征土壤肥力的重要指标，张娟等（2021）研究表明土壤总氮、总磷随土层加深而降低，总氮含量随施氮量增加呈先增后降趋势，总磷含量随施氮量增加变化不大。本研究发现在较浅地下水埋深下240～300kg/hm²施氮表层土壤总氮含量较高，而随着埋深加大300kg/hm²施氮总氮含量明显下降，可能是因为较浅埋深处理土壤水分供应充足，增施氮肥能够促进土壤矿化，而埋深加大会降低表层土壤含水量，过量施氮会加剧土壤干旱，导致作物生长不良，土壤活化性弱，根系生长受阻，总氮含量降低；总磷含量随施氮量增加呈先增加后降低趋势，这可能是受冬小麦生长影响。0.6～0.9m埋深下总氮、总磷含量随土层增加而降低，而在1.2～1.5m埋深下随土层加深先降低到一定值（对应土层深度为临界土层）后趋于稳定，其后不再明显增加，这可能与冬小麦根系生长有关；通过分段线性拟合发现，不施氮处理总氮、总磷对应的临界土层较大，而随着施氮量增加，临界土层深度呈减小趋势，这主要是因为1.5m埋深仍处于冬小麦根系吸水的极限地下水埋深范围以内（Liu et al., 2015；王振龙等，2009；Shan et al., 2007），冬小麦可利用地下水，根系具有向水性，埋深加大根长有增加趋势（孙仕军等，2020）。尤其是不施氮冬小麦为汲取更多水分和养分，根系向下生长，以吸收更多的养分；施氮虽能增加根系下扎深度，但高施氮量会降低根系深度和密度（Liu et al., 2018；Rasmussen et al., 2015；Wang et al., 2014；陈智勇等，2020），进而影响深层土壤氮、磷含量。

6.3.3 冬小麦产量对作物生长属性及土壤硝态氮对施氮量的响应关系

旱地土壤有机氮矿化后的铵态氮会迅速转化为硝态氮，难以反映土壤的供氮水平，所以硝态氮可作为旱地农田土壤的供氮指标（Chen et al.，2006；Mengel et al.，2006）。本研究发现不施氮时，成熟期0～60cm硝态氮累积量与产量均随地下水埋深增加而显著增加，两者间存在明显的一致性，说明低水位（1.2～1.5m埋深）较高的硝态氮含量会降低产量对施氮量的响应程度，Ruiz et al.（2021）也有相应报道。Chaney（1990）研究发现浅层地下水埋深下，硝态氮残留量与施氮量并不呈线性关系。0～150kg/hm^{2}施氮量下0～60cm土壤硝态氮累积量随施氮量变化波动较小，而当施氮量超过150kg/hm^{2}时，硝态氮累积量急剧上升，说明施氮量超过一定量后将引发硝态氮累积量快速上升，与前人研究相近（Zhou et al.，2016），但总体上硝态氮累积量高于已有研究（Cui et al.，2010；Zhou et al.，2016），可能是因为地下水位及动力条件影响了溶质迁移路径和反应进程，增加了残留累积量。总之，地下水埋藏深度主要改变了包气带厚度即改变了水分分布、供应和储存状况以及环境条件，施氮的多少直接或间接的影响地下水作用下氮相关反应的底物浓度，两相耦合进而影响作物的生长发育和产量构成，但该耦合关系易受外界环境和农业措施等影响，耦合机理和环境触发条件仍需进一步研究。

6.4 小结

（1）0.6～1.5m埋深土壤含水量变化集中于0～80cm土层，300kg/hm^{2}施氮会显著降低土壤含水量，加剧土壤干旱。

（2）不同土层pH值受浅地下水上升的返盐碱致碱作用和施氮的致酸效应。0～60cm土层pH值在0.6～0.9m埋深下较高；80～120cm土层pH值在0.9～1.2m埋深下较高；受浅地下水埋深水分运移作用，0.6～0.9m埋深处理增加了土壤碱性，提升了土壤pH值。0～60cm土层，0.6～0.9m埋深下增施氮肥土壤碱性明显增加，而1.2～1.5m埋深下增施氮肥会增加土壤酸性，尤其是持续施氮后1.5m埋深40~60cm土层施氮300kg/hm²显著降低了土壤pH值，随土层加深，该规律表现相近。

（3）土壤EC随地下水埋深增加呈上升趋势，年际持续施氮控水后，1.2~1.5m埋深剖面峰值有向上运移趋势，40~60cm土层各埋深土壤EC强弱为：1.5m>1.2m>0.9m>0.6m埋深处理，尤其是240~300kg/hm²施氮下各埋深处理间差异显著。施氮对土壤EC的作用受浅地下水埋深和土层深度影响，在0~40cm土层增施氮量土壤EC呈上升趋势，而40~60cm土层不施氮处理土壤EC高于施氮处理。

（4）0.6~0.9m埋深下土壤硝态氮随土层加深逐渐减小，纵向剖面呈"C"形分布，1.2~1.5m埋深下硝态氮随土层加深先增后减，呈"S"形分布，60cm以下土层，峰值位于60~80cm和80~100cm土层，而不施氮处理峰值相应位于下一土层；年际持续施氮后，60cm以下峰值向上运移，数值有所降低，剖面分布曲线有向"C"形分布转化趋势；较大地下水埋深会促进土壤硝态氮残留，表现为1.2~1.5m埋深显著高于0.6~0.9m埋深；增施氮肥和年际间累加施氮均会引发土壤硝态氮残留，当埋深>1.2m年际间增施氮肥土壤硝态氮累积量大，尤其是施氮高于240kg/hm²，0~60cm土层硝态氮残留量急剧升高。整体上，0.6~1.5m埋深施氮227.74~247.70kg/hm²可获得较优产量，对应成熟期0~60cm土层硝态氮残留量为250.21~279.89kg/hm²。

（5）300kg/hm²施氮下1.5m埋深处理总氮含量比其余埋深处理明显降低，而在表层土壤（0~20cm）中，0~240kg/hm²施氮总氮含量将随地下水埋深增加而升高；0~40cm土层，0.6~1.2m埋深施氮240~300kg/hm²土壤总氮含量较高，但地下水埋深加大至1.5m和施氮量增至300kg/hm²后，土壤总氮含量明显降低。

（6）施氮和控水的叠加效应对土壤总磷含量作用显著，施氮量对应最大总磷含量随着地下水埋深的增加而降低，在0.6~1.2m埋深对应含量最高的施氮量为150~240kg/hm²，1.5m埋深则为0~150kg/hm²。

（7）地下水埋深增加促进了土壤脲酶活性，其中施氮0~150kg/hm²，40~60cm土层1.2~1.5m埋深土壤脲酶活性比0.6~1.2m处理显著高出15.69%~67.80%。0.6~0.9m埋深下增施氮肥有助于促进土壤脲酶活性，其中40～60cm土层240～300kg/hm²处理比150kg/hm²平均高出39.14%～79.02%；但地下水埋深增至1.5m和土层深度>40cm后，增施氮肥对土壤脲酶活性作用不明显。0.6～1.2m埋深下施氮对土壤脲酶活性的作用土层集中于冬小麦的主要根系层，增加施氮量有效促进较浅埋深0～60cm土层脲酶活性，而随着地下水埋深增至1.5m后，增施氮肥的作用土层深度将降至0～40cm。

（8）0.6～0.9m埋深下增加施氮量会加剧土壤表观氮损失，施氮240～300kg/hm²比150kg/hm²平均高出4.86～7.02倍，而1.2～1.5m埋深下施氮150kg/hm²包气带土壤氮素表现亏缺，施氮量超过240kg/hm²后同样会引发氮素表观损失，尤其是地下水埋深1.5m辅以300kg/hm²施氮组合处理氮表观损失量显著高于其他组合处理，是其他组合处理的1.50～15.89倍。

7 施氮对不同地下水埋深水土界面土壤环境、微生物特性效应剖析

7.1 GS界面构建

7.1.1 GS界面概念界定

GS界面（Groundwater-soil interface，GS）是指地下水与包气带土壤的接触面，自然条件下为时刻波动的不规则三维曲面，以地下水位一定时段内的波动幅度作为界面厚度。本章主要以水、氮为核心，研究GS界面相关特性。

7.1.2 GS界面研究的意义

土壤水分是地下水与植被相互作用的重要纽带，地下水作为作物重要水分来源之一，显著影响作物的生长和土壤环境。早在20世纪90年代，刘昌明（1993，1997）提出了在SPAC（Soil-plant-atmosphere continuum）系统界面中要包括土壤水—地下水界面，并探讨了从界面控制水分消耗的可能性；沈振荣（1992）等基于华北地区大气降水—地表水—土壤水—地下水相互转化关系的研究，也认为地下水应与SPAC水分系统一同纳入统一体系，提出了地下水—土壤—植物—大气连续体系统概念（Groundwater-soil-plant-atmosphere continuum，GSPAC）（雷志栋等，1992；沈振荣，1992；张蔚榛，1996；宫兆宁等，2006）。GS界面作为GSPAC系统的重要构成部分，GS界面上的水流通量体现了农业生产环境中地下水与土壤水分之间的相互

作用关系，试验观测、模型模拟和水量平衡核算等进行量化，土壤水分和地下水时间序列携带了大量水流信息（刘鹄等，2018），土壤水分的流动更会由于地下水作用而复杂多变，流通的方向性由于零通量面的时空或因作物而时序变化。针对地下水、土壤水转化，包气带水、溶质等数值模拟等展开了大量研究，丰富了土壤水盐运移、浅地下水埋深下水盐对作物生长的作用机理等相关方法理论，更进一步完善了GSPAC系统理论（薛景元，2018；杨建锋等，2005；胡军等，2022；刘昌明，1997；孙海龙等，2008；王晓红等，2006）。大量渗流信息又蕴含着复杂的溶质化学反应，尤其是地下水浅埋深区，溶质的运移因土壤水分的流通多变而复杂化，现有研究多针对水、溶质进行，然而不同于地下水—土壤水中运移、转化，溶质在不同的土壤环境中往往伴随着复杂的生物化学过程。氮素是生命元素，同时也是作物生长发育的重要养分来源，一直是人们研究的热点和焦点，农田生态尺度的氮素（N-x）与水分单一结构（H_2O）不同，自然条件下以复杂的多价态、化合形态、能态和生化反应的动态平衡过程而存在。因此，剖析GS界面土壤水氮相关研究具有重要意义。

GS界面概化见图7-1。

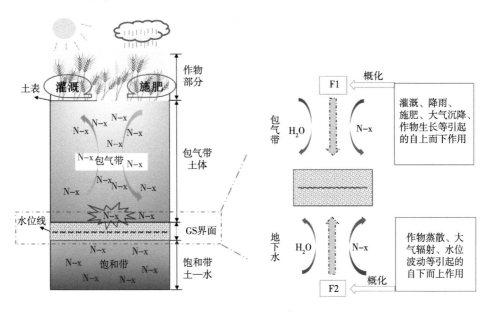

图7-1　GS界面示意图

注：图中N-x表示含氮相关物质。

　　由图7-1可知，GS界面作为地下水—土壤的交界面，灌溉降水后水分、氮素受水势梯度作用向下运移，作物正常生长条件下，水、氮受土壤蒸发与作物蒸腾等气象—作物等作用向上运移，若将这两种作用概化为F1与F2时，则界面时刻反复作用这两个力。由此构成了界面的"两面"，即氮素淋溶跨越GS界面，构成污染或潜在污染的"临界面"；受水位的起伏波动，GS界面处在厌氧和含氧的交互状态，硝化、反硝化、氮素异化作用等系列反应频繁发生的"特殊面"。除此，由图7-2可见，氮素在好氧和低氧交界附近发生众多反应，氮素处在一个动态平衡过程中，氮素形态之间互相转化，最终导致各类氮素含量不一，而GS界面正对应于这样一个环境交界面。不同地下水埋深条件下，界面处的氧化还原条件随之改变，氮素之间不同转化过程因氧含量等变化而不同，加之受上层施肥灌溉、降水、热传递等外界因素的驱动作用，界面氮素的形态、能态和反应等更加复杂。在农业生态环境上，不同地下水埋深条件下，氮素形态、含量以及转化迁移路径极可能因不同包气带厚度而异，GS界面所接纳的氮素受此影响和限制，氮素的形态、含量变化也不一样，对地下水环境的潜在效应差异可能不同。在农业生产上，除地下水埋深自身的变化外，受作物生长、外界气象条件影响，浅层地下水转化为土壤水在土壤纵向剖面上运移，"氮随水走"，地下水中的氮、水位的波动将改变土壤环境条件，土壤环境条件的变化会激发氮相关反应，进而作用氮素含量，如刘鑫等（2021）开展地下水位上升模拟试验发现，水位上升过程中土层中硝态氮含量呈先上升后降低的趋势，而铵态氮明显升高，这与氮素的相关反应有关。如果再考虑作物生长的影响，尤其是在极限埋深范围内，作物根系对GS界面的触发或抑制效应将更为复杂。综合而言，氮素在GS界面的形态、反应较为复杂，而这一复杂的综合效应可能最终体现在农业生产、生态环境变化上，如图7-3所示。考虑到农业生产、生态环境保护，开展GS界面的研究具有重要意义，正如Li et al.（2021b）指出，浅地下水埋深非饱和—饱和带对N_2O的转移转化至关重要，未来的研究重点必将用以揭示氮素在该区域的过程转化。本章基于Lysimeter群体种植冬小麦，于成熟期采集GS界面上土壤，分析测定了GS界面土壤基础理化性质、微生物多样性结构，以厘清GS界面水土环境变化和微生物响应特征，为农业生产和农区生态环境保护提供理论支撑。

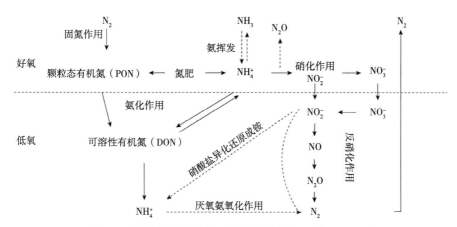

图7-2 微生物参与的氮循环过程（贺纪正等，2009）

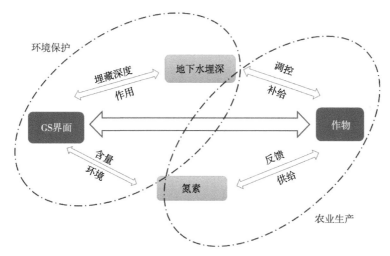

图7-3 涉及GS界面农业生产、生态环境保护概念

7.2 结果与分析

7.2.1 GS界面基础理化性状

GS界面土壤理化性状及总磷含量见表7-1。由表7-1可知，GS界面位于水位线附近，受作物生长和环境因素作用，水位有轻微波动，土壤含水量较大，地下水埋深和施氮处理均对其无显著影响。相同施氮处理下，相较G1埋深处理，G2、G3、G4埋深GS界面土壤pH值显著增加，施氮0～300kg/hm²

条件下平均高出0.08～0.16个单位；NF150、NF240施氮下pH值随地下水埋深增加呈反"S"形，NF300施氮下呈上升趋势，说明GS界面土壤碱性随包气带变厚呈增强趋势。整体上，GS界面土壤pH值随施氮量增加和年际叠加施氮均降低，地下水埋深更浅时表现尤为明显，G1埋深下NF0、NF150处理比NF240、NF300处理平均显著高出0.095个单位（$P<0.05$），说明增施氮肥会降低GS界面土壤pH值，且该作用效应在地下水埋深越浅时表现更明显，而较大埋深GS界面土壤碱性有所上升，这可能是由于包气带越薄地下水与包气带物质能量交换越加频繁所致。相较不施氮，施氮150～300kg/hm^{2}降低了较浅埋深GS界面土壤盐分积累，而各施氮处理间无显著差异，且施氮与否均对较大埋深盐分积累作用不显著。G1、G2埋深下，NF0施氮土壤EC显著高于NF150、NF240、NF300处理，平均高出13.20%～14.73%，说明地下水埋深0.6～0.9m下施氮150～300kg/hm^{2}促进了冬小麦生长和水分消耗，引起了上下包气带物质交换，使盐分上下分散而降低。不施氮GS界面土壤有机质随地下水埋深先增加后减少，而施氮处理有机质随地下水埋深增加呈下降趋势，NF300施氮下G1、G2、G3处理显著高于G4处理，平均高出12.12%；G4埋深下NF0、NF150施氮有机质含量显著高于NF240、NF300处理，平均高出15.08%。地下水作用条件下，一定范围内增施氮肥有助于促进GS界面土壤总磷含量（TP）形成，超过一定范围内持续施氮土壤总磷含量（TP）反而降低（G4埋深NF150与NF0差异不显著，除外）。G1、G2、G3埋深下NF150与NF240处理土壤TP含量显著高于NF0、NF300处理，平均分别高出2.81%～5.70%和1.50%～10.99%。

表7-1　GS界面土壤理化性状和总磷含量

NF	WTD	SWC（%）	pH值	EC（μS/cm）	OM（mg/g）	TP（mg/kg）
NF0	G1	25.84 ± 0.79Aa	8.47 ± 0.02bB	212.22 ± 3.02aA	24.48 ± 2.20aA	438.67 ± 4.51aB
	G2	26.80 ± 0.85Aa	8.56 ± 0.04aA	218.62 ± 7.38aA	23.24 ± 1.72aA	419.67 ± 11.72aB
	G3	26.08 ± 0.30Aa	8.56 ± 0.04aA	216.15 ± 18.22aA	23.32 ± 0.89aA	424.67 ± 3.51aB
	G4	25.91 ± 0.29Aa	8.55 ± 0.01aA	205.27 ± 5.36aA	25.93 ± 1.45aA	424.33 ± 12.01aB

（续表）

NF	WTD	SWC（%）	pH值	EC（μS/cm）	OM（mg/g）	TP（mg/kg）
NF150	G1	27.01 ± 0.28Aa	8.42 ± 0.02bB	190.55 ± 12.78aB	24.83 ± 1.38aA	449.00 ± 5.57aA
	G2	26.89 ± 0.86Aa	8.52 ± 0.02aA	192.20 ± 2.73aB	23.86 ± 1.91aA	434.00 ± 8.66aAB
	G3	26.33 ± 0.68Aa	8.46 ± 0.05abA	191.17 ± 11.15aA	22.66 ± 0.63aA	440.00 ± 6.56aA
	G4	27.04 ± 0.58Aa	8.52 ± 0.02aA	199.65 ± 9.77aA	23.02 ± 2.18aAB	440.00 ± 9.00aB
NF240	G1	27.26 ± 1.14Aa	8.36 ± 0.03cA	186.47 ± 2.67aB	24.98 ± 0.48aA	453.00 ± 4.58aA
	G2	26.34 ± 1.07Aa	8.49 ± 0.03abA	191.37 ± 5.17aB	22.24 ± 0.81aA	441.33 ± 9.02aA
	G3	26.68 ± 0.91Aa	8.44 ± 0.06bA	185.63 ± 6.23aA	22.81 ± 0.71aA	446.00 ± 1.00aA
	G4	25.67 ± 1.00Aa	8.55 ± 0.04aA	194.60 ± 3.65aA	21.82 ± 2.11aB	457.00 ± 7.94aA
NF300	G1	25.71 ± 0.19Aa	8.34 ± 0.04bA	185.42 ± 4.03aB	23.27 ± 0.70abA	444.33 ± 4.51aAB
	G2	26.87 ± 1.50Aa	8.44 ± 0.09abA	188.10 ± 7.67aB	23.89 ± 0.41aA	394.33 ± 7.37cC
	G3	27.02 ± 1.23Aa	8.49 ± 0.03aA	189.65 ± 13.04aA	22.54 ± 0.34bA	409.00 ± 1.73bC
	G4	25.92 ± 0.55Aa	8.55 ± 0.09aA	203.58 ± 3.83aA	20.72 ± 0.69cB	407.33 ± 3.79bC
WTD		NS	***	NS	*	***
NF		NS	***	***	*	***
WTD × NF		NS	***	NS	*	***

注：表中OM、TP分别表示土壤有机质和总磷含量，小写字母表示同一施氮量下不同地下水埋深处理间差异显著，不同大写字母表示同一地下水埋深下不同施氮量处理间差异显著，*表示$P<0.05$，**表示$P<0.01$，***表示$P<0.001$，下同。

7.2.2 GS界面土壤氮素含量

GS界面土壤氮素含量见表7-2。

表7-2　GS界面土壤氮素含量

NF	WTD	TN（mg/kg）	NO$_3^-$-N（mg/kg）	NH$_4^+$-N（mg/kg）
NF0	G1	236.67 ± 8.74aA	0.97 ± 0.38aA	2.59 ± 0.04aA
	G2	174.33 ± 8.50bB	0.36 ± 0.06bA	2.20 ± 0.20bA
	G3	183.00 ± 9.54bA	0.31 ± 0.09bA	2.44 ± 0.21abA
	G4	187.67 ± 2.52bB	0.26 ± 0.04bA	2.63 ± 0.07aA
NF150	G1	228.67 ± 13.87aA	0.34 ± 0.01aB	2.39 ± 0.15aB
	G2	196.00 ± 8.54bA	0.15 ± 0.03bBC	2.35 ± 0.07aA
	G3	198.67 ± 5.77bA	0.19 ± 0.06bB	2.40 ± 0.17aA
	G4	198.33 ± 5.86bAB	0.15 ± 0.00bB	1.97 ± 0.20bB
NF240	G1	212.67 ± 4.93aA	0.29 ± 0.17aB	2.20 ± 0.02abC
	G2	192.67 ± 4.16aA	0.11 ± 0.00aC	2.26 ± 0.12aA
	G3	199.00 ± 16.09aA	0.20 ± 0.03aB	1.97 ± 0.18bcB
	G4	202.67 ± 5.51aA	0.13 ± 0.01aB	1.93 ± 0.13cB
NF300	G1	225.00 ± 2.65aA	0.21 ± 0.03aB	2.08 ± 0.11bC
	G2	203.33 ± 12.66bA	0.21 ± 0.04aB	2.34 ± 0.06aA
	G3	201.33 ± 7.77bA	0.16 ± 0.03aB	2.03 ± 0.03bB
	G4	209.00 ± 10.15abA	0.16 ± 0.04aB	2.10 ± 0.09bB
WTD		***	***	*
NF		**	***	***
WTD × NF		**	***	***

注：表中TN、NO$_3^-$-N和NH$_4^+$-N分别表示GS界面土壤总氮、硝态氮和铵态氮含量。

由表7-2可知，GS界面硝态氮、TN含量随地下水埋深增加呈降低趋势（表7-2），NF0、NF150施氮下G1埋深硝态氮、TN含量显著高于G2、G3、G4埋深处理，平均高出1.07 ~ 2.12倍；NF、NF150、NF300施氮下G1埋深TN含量显著高于G2、G3、G4处理，平均高出9.99% ~ 30.28%。NF0 ~ NF300施氮下分别G4、G3、G2和G2埋深处理铵态氮含量最高，NF150 ~ NF300施氮下G1、G2埋深铵态氮含量显著高于G4埋深处理，平均高出5.3% ~ 19.99%。G2 ~ G4埋深下，施氮能增加GS界面TN含量，G2、G4埋深下施氮显著高于不施氮处理，平均高出8.35% ~ 13.19%。硝态氮与铵态氮随施氮量增加而明显降低，其中G1 ~ G4埋深下NF0处理硝态氮比NF150-NF300处理平均分别高出2.47倍、1.27倍、0.71倍和0.80倍，G1、G3埋深下NF0、NF150处理铵态氮含量显著高于NF240、NF300处理，平均分别高出

16.55%和21.35%。这可能是因为较浅地下水埋深更易与外界接触，GS界面更容易承接包气带土壤矿化以及施加的氮素，则表现为氮素增加；较大施氮量和年际间叠加施氮及时补充土壤氮素，满足作物氮素需求，而施氮较少时作物根系下扎，激发土壤矿化而产生更多无机氮素以维持生长，降低了土壤总氮含量。除此，不同组合处理GS界面土壤硝态氮含量明显降低，土壤铵态氮含量较高，铵态氮含量是硝态氮含量的2.67～20.55倍，说明GS界面土壤硝态氮损失严重，水土界面处存在硝酸盐异化还原作用。

7.2.3 GS界面土壤群落生物信息学分析

7.2.3.1 基因组DNA鉴定及PCR扩增

土壤微生物群落结构分析基于Miseq高通量测序平台完成。基因组DNA鉴定方法参照已有研究进行（郭魏，2016；韩洋，2019）。电泳检测结果见图7-4，其中1～3为NF0G1，4～6为NF0G2，7～9为NF0G3，10～12为NF0G4，13～15为NF150G1，16～18为NF150G2，19～21为NF150G3，22～24为NF150G4，25～27为NF240G1，28～30为NF240G2，31～33为NF240G3，34～36为NF240G4，37～39为NF300G1，40～42为NF300G2，43～45为NF300G3，46～48为NF300G4中的土壤样品细菌基因扩增条带。图7-4显示，扩增产物条带清晰，目的条带大小正确，浓度合适，满足试验要求。

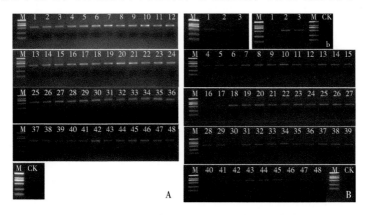

图7-4 不同GS界面土壤样品PCR扩增产物电泳检测结果

注：图中A、B分别为2020年和2021年GS界面土样样品PCR电泳图，其中b图中1、2和3分别为2021年序号3、16和30第一次检测不合格后再次检测结果，第二次检测结果合格可用。

预处理允许最低读长平均测序质量为1%的错误率，去除低值序列与长聚合物序列数目，保留的最低序列长度为200bp。归类统计所用样本序列和分析数目，获取不同地下水埋深和施氮组合处理GS界面土样序列统计情况，统计结果见表7-3。

表7-3　样本信息统计

样本名	序列数		碱基数		平均长度		最短序列长度		最长序列长度	
	2020a	2021a	2020a	2021a	2020a	2021a	2020a	2021a	2020a	2021a
NF0G1-1	52 796	39 406	22 061 327	16 531 971	417.86	419.53	249	301	509	469
NF0G1-2	53 838	31 478	22 525 089	13 211 356	418.39	419.70	234	318	469	479
NF0G1-3	50 980	34 027	21 341 370	14 244 458	418.62	418.62	236	239	493	469
NF0G2-1	45 296	50 649	18 949 271	21 202 830	418.34	418.62	254	245	503	499
NF0G2-2	55 351	71 691	23 167 197	30 049 428	418.55	419.15	222	245	501	504
NF0G2-3	55 914	62 783	23 395 262	26 302 910	418.42	418.95	235	300	513	493
NF0G3-1	53 769	71 103	22 472 153	29 700 068	417.94	417.70	317	246	469	494
NF0G3-2	53 349	76 955	22 275 525	32 201 943	417.54	418.45	345	210	469	505
NF0G3-3	44 215	79 697	18 496 741	33 371 927	418.34	418.74	325	232	512	478
NF0G4-1	54 467	85 037	22 752 278	35 539 862	417.73	417.93	245	228	489	493
NF0G4-2	51 124	62 753	21 376 161	26 282 986	418.12	418.83	317	239	526	504
NF0G4-3	52 642	48 536	22 015 619	20 340 463	418.21	419.08	309	262	511	499
NF150G1-1	50 610	76 753	21 203 698	32 171 968	418.96	419.16	333	254	494	488
NF150G1-2	56 384	65 073	23 638 819	27 239 693	419.25	418.60	235	258	469	527
NF150G1-3	56 787	87 081	23 785 951	36 515 562	418.86	419.33	252	246	488	472
NF150G2-1	53 105	52 048	22 229 425	21 730 774	418.59	417.51	286	234	490	477
NF150G2-2	54 831	54 485	22 902 481	22 890 365	417.69	420.12	276	359	469	493
NF150G2-3	51 748	48 403	21 629 086	20 309 282	417.97	419.59	294	230	526	508
NF150G3-1	51 457	49 540	21 541 340	20 778 426	418.63	419.43	319	246	469	480
NF150G3-2	58 266	49 403	24 354 559	20 650 614	417.99	418.00	240	233	478	503
NF150G3-3	52 418	55 450	21 925 941	23 142 587	418.29	417.36	234	245	503	478
NF150G4-1	55 289	50 966	23 112 587	21 329 966	418.03	418.51	290	265	469	504

（续表）

样本名	序列数		碱基数		平均长度		最短序列长度		最长序列长度	
	2020a	2021a	2020a	2021a	2020a	2021a	2020a	2021a	2020a	2021a
NF150G4-2	56 172	58 242	23 489 400	24 401 111	418.17	418.96	266	203	478	469
NF150G4-3	59 111	52 348	24 725 206	21 926 451	418.28	418.86	264	214	494	497
NF240G1-1	48 088	61 710	20 124 454	25 861 528	418.49	419.08	300	217	518	513
NF240G1-2	45 355	52 433	18 997 319	21 955 491	418.86	418.73	317	262	492	534
NF240G1-3	57 677	52 721	24 130 876	22 126 222	418.38	419.69	279	246	469	513
NF240G2-1	55 106	70 147	23 033 944	29 369 445	417.99	418.68	203	252	469	488
NF240G2-2	53 586	66 207	22 421 944	27 742 565	418.43	419.03	240	245	469	504
NF240G2-3	53 338	33 620	22 346 483	14 069 646	418.96	418.49	245	382	510	469
NF240G3-1	50 183	63 533	21 001 272	26 591 161	418.49	418.54	232	205	469	480
NF240G3-2	45 798	53 017	19 133 990	22 232 000	417.79	419.34	335	239	505	507
NF240G3-3	51 876	59 438	21 675 936	24 920 529	417.84	419.27	312	317	479	501
NF240G4-1	53 390	57 938	22 322 068	24 276 280	418.09	419.00	284	244	513	503
NF240G4-2	51 614	52 835	21 571 713	22 156 376	417.94	419.35	260	375	478	487
NF240G4-3	47 507	58 436	19 880 203	24 486 908	418.47	419.04	249	336	528	493
NF300G1-1	48 427	64 195	20 273 707	26 905 635	418.64	419.12	232	222	469	490
NF300G1-2	43 243	75 097	18 070 843	31 444 860	417.89	418.72	286	235	487	516
NF300G1-3	40 212	57 138	16 786 015	23 940 869	417.44	419.00	238	310	451	485
NF300G2-1	52 930	44 663	22 115 247	18 713 556	417.82	418.99	210	236	487	514
NF300G2-2	51 716	68 153	21 616 227	28 561 596	417.98	419.08	232	257	488	469
NF300G2-3	55 708	65 797	23 307 380	27 588 272	418.38	419.29	265	228	519	478
NF300G3-1	52 548	69 466	21 913 418	29 131 942	417.02	419.37	248	208	474	502
NF300G3-2	56 285	64 284	23 508 909	26 936 794	417.68	419.03	265	322	483	493
NF300G3-3	56 748	58 676	23 705 330	24 589 799	417.73	419.08	245	283	475	527
NF300G4-1	60 791	46 010	25 371 979	19 280 684	417.36	419.05	249	360	469	504
NF300G4-2	75 800	54 511	31 684 672	22 835 926	418.00	418.92	235	336	469	478
NF300G4-3	370 831	43 998	155 016 583	18 448 126	418.02	419.29	216	262	521	473

7.2.3.2 稀释曲线

　　稀释曲线可直接反映测序数据的合理性，当曲线趋于平缓，表明测序数据量合理，更多的数据量仅产生有限的新物种。基于多样性指数表征的曲线若趋于平缓，则说明测序数据量足够大，能够反映待测样本的绝大部分微生物信息（Chen et al.，2016）。在$\alpha=0.03$水平上，地下水埋深和施氮组合处理GS界面土壤细菌两年稀释曲线如图7-5所示。结果表明，2020年和2021年稀释曲线均显示，随着测序序列数的增加，16个组合处理下的曲线渐趋平缓，表明测序数据达到饱和，能够覆盖土壤微生物群落的绝大部分物种，测序数量满足测序要求。

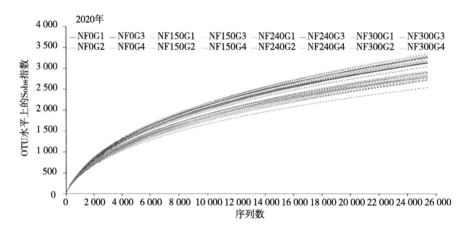

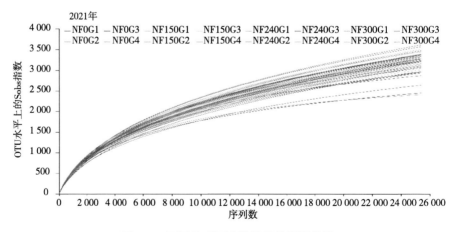

图7-5　不同处理下土壤样品的稀释曲线

7.2.4　土壤细菌群落多样性分析

不同地下水埋深施氮组合处理GS界面土壤样品细菌群落多样性分析结果见表7-4。

表7-4　不同地下水埋深施氮组合处理GS界面土壤样品细菌群落多样性比较分析

处理	Sobs	Shannon	Simpson	ACE	Chao	Coverage
NF0G1	3 200.00 ± 171.62a	6.69 ± 0.18a	0.004 3 ± 0.000 7d	5 346.30 ± 112.94abc	4 730.86 ± 219.46abc	0.95 ± 0.006a
NF0G2	3 250.00 ± 124.77a	6.66 ± 0.10a	0.005 3 ± 0.000 9bcd	5 461.32 ± 227.37abc	4 902.48 ± 177.35ab	0.95 ± 0.000a
NF0G3	3 014.50 ± 52.72a	6.44 ± 0.05a	0.007 3 ± 0.000 7bc	5 489.53 ± 75.74ab	4 594.64 ± 88.48abc	0.95 ± 0.000a
NF0G4	2 912.67 ± 85.17a	6.36 ± 0.29a	0.011 4 ± 0.003 5a	4 184.77 ± 13.05e	4 195.07 ± 111.08d	0.96 ± 0.006a
NF150G1	3 054.17 ± 137.37a	6.59 ± 0.15a	0.006 2 ± 0.000 4bcd	4 904.14 ± 493.25cd	4 533.69 ± 252.12bcd	0.95 ± 0.000a
NF150G2	3 047.33 ± 374.19a	6.56 ± 0.15a	0.007 6 ± 0.003b	5 575.58 ± 200.20abc	4 756.92 ± 320.97abc	0.96 ± 0.012a
NF150G3	3 052.33 ± 65.75a	6.50 ± 0.10a	0.006 3 ± 0.001 2bcd	5 167.14 ± 509.16bcd	4 667.88 ± 129.07abc	0.95 ± 0.000a
NF150G4	3 245.50 ± 130.28a	6.64 ± 0.13a	0.004 8 ± 0.001bcd	5 898.37 ± 312.51a	4 990.87 ± 196.24a	0.95 ± 0.006a
NF240G1	3 233.67 ± 206.10a	6.68 ± 0.16a	0.003 8 ± 0.000 6d	5 764.29 ± 513.82ab	4 926.51 ± 375.31ab	0.95 ± 0.006a
NF240G2	3 055.83 ± 351.27a	6.56 ± 0.21a	0.005 4 ± 0.001 3bcd	5 552.37 ± 294.20ab	4 740.22 ± 411.67abc	0.95 ± 0.006a
NF240G3	3 210.00 ± 117.75a	6.69 ± 0.10a	0.004 5 ± 0.000 4cd	5 294.83 ± 249.53abc	4 748.87 ± 173.66abc	0.95 ± 0.000a
NF240G4	2 979.67 ± 109.32a	6.52 ± 0.16a	0.006 4 ± 0.002 4bcd	4 739.88 ± 232.32d	4 370.12 ± 110.71cd	0.95 ± 0.006a
NF300G1	3 213.67 ± 73.91a	6.66 ± 0.10a	0.005 6 ± 0.001 5bcd	5 158.61 ± 257.07bcd	4 801.95 ± 177.61ab	0.95 ± 0.000a
NF300G2	3 063.67 ± 107.82a	6.47 ± 0.08a	0.007 2 ± 0.000 3bc	5 423.67 ± 60.00abc	4 731.99 ± 126.66abc	0.95 ± 0.000a
NF300G3	3 086.67 ± 33.91a	6.55 ± 0.06a	0.005 7 ± 0.000 7bcd	5 139.94 ± 65.68bcd	4 687.40 ± 20.60abc	0.95 ± 0.000a

处理	Sobs	Shannon	Simpson	ACE	Chao	Coverage
NF300G4	3 121.17 ± 127.66a	6.59 ± 0.11a	0.005 2 ± 0.000 9bcd	5 430.11 ± 40.94abc	4 782.96 ± 145.71abc	0.95 ± 0.000a
WTD	ns	ns	ns	ns	ns	ns
NF	ns	ns	ns	ns	ns	ns
WTD × NF	ns	ns	*	***	**	ns

注：表中数据采用两年平均值，下同。不同小写字母表示不同组合处理间差异显著，$P<0.05$。

Alpha多样性是指一个特定区域或者生态系统内的多样性，选取常用的度量标准指数Sobs、Shannon、Simpson、ACE、Chao和Coverage来反映土壤样本多样性。研究选用α=0.03水平，对NF0G1、NF0G2……NF300G4 16个地下水埋深和施氮组合处理进行土壤细菌群落Alpha多样性指数统计分析，结果见表7-4。结果表明，地下水埋深和施氮处理对GS界面土壤Shannon、Coverage和Sobs指数作用不显著，地下水埋深和施氮主效应对土壤Simpson、ACE和Chao指数作用均不显著，但地下水埋深与施氮的交互效应作用显著（$P<0.05$）。不施氮条件下，Simpson指数随地下水埋深增加而增加，而ACE和Chao指数则表现相反，其中G1、G2、G3处理与G4处理三指数均差异显著。NF150施氮下，相比G1、G2、G3处理，G4处理显著降低了Simpson指数，同时显著提升了ACE和Chao指数；NF240施氮下各地下水埋深间Simpson指数无显著差异，而G4处理ACE和Chao指数相比G1、G2、G3处理显著降低；NF300施氮下各埋深处理对Simpson、ACE和Chao指数均无显著差异。说明增加施氮量有助于增加1.5m埋深GS界面土壤菌群多样性和丰富度，但施氮超过240kg/hm²后作用不明显。

7.2.5 土壤细菌物种数量分析

Venn图用于统计不同处理样品间共有和独有的物种数量，直接反映不同处理间物种组成上的相似与重叠情况。不同地下水埋深和施氮组合处理GS界面土壤样品物种数量见图7-6，图中每一区域上数字表示该区域的OUT数量及其占比情况，相似水平为97%。由图7-6可知，不同组合处理共有OUT数量为2 650个，NF0G1、NF0G2、NF0G3、NF0G4、NF150G1、

NF150G2、NF150G3、NF150G4、NF240G1、NF240G2、NF240G3、NF240G4、NF300G1、NF300G2、NF300G3和NF300G4独有的细菌种类数分别为118、73、101、92、115、155、62、89、70、65、125、94、87、63、89和102，占比分别为0.89%、0.55%、0.76%、0.69%、0.87%、1.17%、0.47%、0.67%、0.53%、0.49%、0.94%、0.71%、0.66%、0.48%、0.67%和0.77%，其中NF0、NF150、NF240和NF300施氮组中G1、G2、G3和G4处理GS界面土壤细菌种类数和占比比例均最高。不难发现，细菌种类数和占比较高对应的地下水埋深随施氮量增加呈变大趋势，说明增加施氮量会降低高水位GS界面土壤细菌种类数及其占比，这可能与施氮促进作物生长改变了GS界面水通量强度有关。

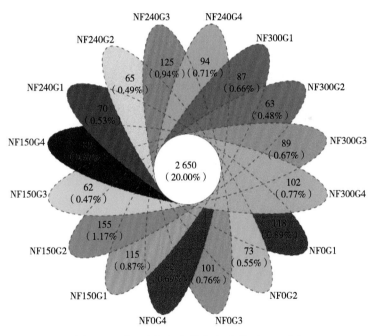

图7-6　地下水埋深和施氮组合处理Venn图

7.2.6　GS界面土壤细菌群落组成分析

7.2.6.1　不同分类学水平上土样物种丰度柱图分析

基于对OUT对应物种的了解，存在同一物种对应数个OUT情况，需将相同物种分类的OTUs合并，来统计不同地下水埋深和施氮组合处理的物种组成变化，探究不同地下水埋深与施氮组合处理对GS界面土壤细菌群落结构多样性的影响。基于门、纲和目三个分类学水平，将各处理前10含量的物种绘制物种分布柱状图（两年重复数取均值），其余其他物种归类于others，以物种组成百分比进行物种相对丰度统计分析，不同组合处理GS界面土壤中细菌在门、纲和目水平上的物种相对丰度结果见图7-7。

由图7-7a可知，在门水平上，不同施氮和地下水埋深组合处理下GS界面土壤菌群相对丰度以放线菌门（Actinobacteriota）、变形菌门（Proteobacteria）和厚壁菌门（Firmicutes）为主，占比分别为19.39%～25.50%、17.90%～24.05%和11.39%～15.58%，相对丰度总和超过50%，其次为酸杆菌门（Acidobacteriota）、绿弯菌门（Chloroflexi）、芽单胞菌门（Gemmatimonadota）、拟杆菌门（Bacteroidota）、Methylomirabilota、Myxococcota、脱硫弧菌门（Desulfobacterota）。不施氮水平下，G3、G4埋深增加了放线菌门、变形菌门和拟杆菌门比例，相比G1处理，G3、G4处理增加了12.50%～52.19%，但降低了酸杆菌门、芽单胞菌门、Methylomirabilota、Myxococcota和脱硫弧菌门，平均降低16.41%～74.77%；NF150施氮下厚壁菌门、绿弯菌门和Methylomirabilota占比随地下水埋深增加呈上升趋势，G3、G4埋深处理比G1处理平均高出9.51%～15.87%，而拟杆菌门、Myxococcota和脱硫弧菌门表现相反，随地下水埋深增加呈下降趋势，G1、G2处理平均比G3、G4处理高出19.19%～160.71%；NF240、NF300施氮下，G3、G4埋深Methylomirabilota占比明显比G1、G2处理高出21.11%～23.80%，而脱硫弧菌门相比G1、G2处理明显降低。G1、G2埋深下NF300处理放线菌门和厚壁菌门占比明显高于NF0、NF150、NF240处理，而Methylomirabilota和Myxococcota随施氮量增加有降低趋势，其中NF0、NF150处理明显高于NF240、NF300处理。G3、G4埋深下NF0、NF150处理放线菌门占比最高，但NF150、NF240、NF300处理Methylomirabilota和Myxococcota占比相比NF0较高；脱硫弧菌门占比随施氮量增加呈先增后降趋势，NF150、NF240施氮占比最高，说明对于较深地下水埋深，增施氮肥有助于提高脱硫弧菌门相对丰度，但过量施氮表现不利。

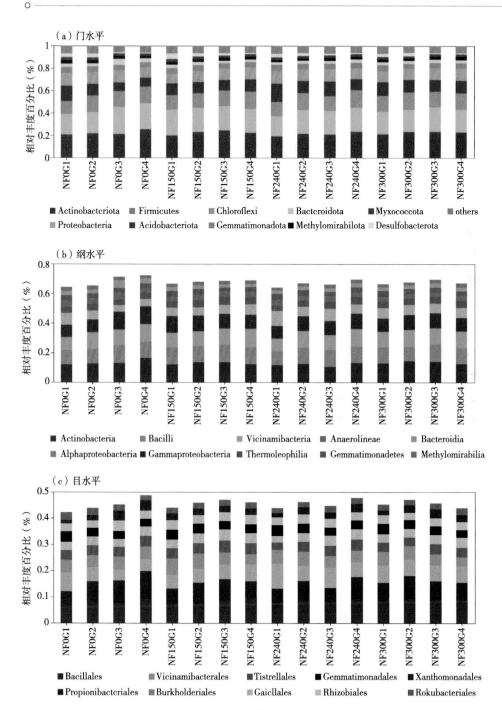

图7-7 不同组合处理GS界面土壤中细菌在门、纲、目水平上的物种相对丰度

由图7-7b可知，在纲水平上，不同组合处理GS界面土壤菌群主要以放线菌纲（Actinobacteria）、α-变形菌亚纲（Alphaproteobacteria）、芽孢杆菌纲（Bacilli）和γ-变形细菌纲（Gammaproteobacteria）为主，其次分别为Vicinamibacteria、嗜热油菌纲（Thermoleophilia）、厌氧绳菌纲（Anaerolineae）、芽单胞菌纲（Gemmatimonadetes）、拟杆菌纲（Bacteroidia）和Methylomirabilia。不施氮水平下，G3、G4埋深增加了放线菌纲、α-变形菌亚纲、芽孢杆菌纲、γ-变形细菌纲和拟杆菌纲相对丰度，其中G4处理平均比G1、G2处理增加了12.41%～41.42%，而Vicinamibacteria、芽单胞菌和Methylomirabilia相对丰度均随地下水埋深增加而降低，G1、G2处理平均比G3、G4处理高出23.47%～49.54%。NF150、NF240、N300施氮下，放线菌纲随地下水埋深增加呈先增后降趋势（NF240施氮条件除外），最大值为G2、G3处理；芽单胞菌纲随埋深加深呈下降趋势，而Methylomirabilia在NF150、NF240施氮下表现为随埋深增加呈上升趋势。G1、G2埋深下，拟杆菌纲和Methylomirabilia相对丰度随施氮量增加呈上升趋势，但在G3、G4埋深下，NF0施氮处理拟杆菌纲相对丰度明显高于NF150、NF240、NF300施氮处理，平均高出40.37%～124.88%，说明增施氮肥有助于提高较浅埋深拟杆菌纲和Methylomirabilia占比，但会降低较大埋深拟杆菌纲占比。

由图7-7c可知，在目水平上，不同组合处理GS界面土壤菌群以芽孢杆菌目（Bacillales）、丙酸杆菌目（Propionibacteriales）和Vicinamibacterales为主，其次分别为伯克霍尔德氏菌目（Burkholderiales）、Tistrellales、Gaiellales、芽单胞菌目（Gemmatimonadales）、根瘤菌目（Rhizobiales）、黄色单胞菌目（Xanthomonadales）和Rokubacteriales。同一施氮水平，NF0施氮下芽孢杆菌目、丙酸杆菌目和黄色单胞菌目占比均随地下水埋深增加而上升，G3、G4处理比G1、G2处理平均高出13.64%～116.96%，而Vicinamibacterales、芽单胞菌目和Rokubacteriales占比表现相反呈下降趋势；NF150施氮下芽孢杆菌目、Vicinamibacterales和Rokubacteriales占比均随地下水埋深增加而增加，而丙酸杆菌目、Tistrellales和Gaiellales占比随地下水埋深先增后降，最大值均为G3处理，而伯克霍尔德氏菌目、芽单胞菌目和黄色单胞菌目相对丰度随水位降低而明显下降；NF240施氮下伯克霍尔德氏菌目和芽单胞菌目相对丰度随地下水埋深增加呈降低趋势，Tistrellales和Gaiellales均随地下水埋深增加而增加，其余菌群占比均随水位变化未出现明显变化趋势，变异较大；NF300施氮下芽孢杆菌目和丙酸杆菌目占比随地下水埋深增加呈先增后降趋势，G1、G2处理占比最高；伯克霍尔德氏菌目和芽单胞菌目随水位降低呈明显下降趋势，而Gaiellales和Rokubacteriales表现相反，呈明显上升趋势。同一地下水埋深，G1、G2埋深下丙酸杆菌目占比随施氮量增加而增加，伯克霍尔德氏菌目占比随埋深加深呈先增后降趋势，而Rokubacteriales占比随埋深增加呈降低趋势。当埋深增至G3、G4时，丙酸杆菌目和伯克霍尔德氏菌目占比随施氮量增加呈降低趋势，相比NF0、NF150处理，NF240与NF300处理增加了Rokubacteriales占比而降低了根瘤菌目占比。对于Tistrellales和Gaiellales，G1、G2、G3埋深下NF150施氮处理占比最高。说明G1、G2埋深下增施氮肥有利于提高GS界面丙酸杆菌目占比，而在G3、G4埋深下，增施氮肥不利于丙酸杆菌目、伯克霍尔德氏菌目和根瘤菌目生长，在此条件下的较优施氮量为0~150kg/hm²。

7.2.6.2　不同分类学水平上土样物种丰度Heatmap图分析

根据不同施氮和地下水埋深组合处理土壤样品在属水平上的丰度状况，结合细菌物种种类与GS界面土壤样品绘制Heatmap图，以分析不同菌属物种在不同组合处理的聚集程度。选取属分类水平总丰度前50的物种，对分组的样本丰度采用均值计算，物种和样本层级聚类方式均采用Average，作Heatmap图。不同组合处理下GS界面土壤细菌在属水平上的物种组成和样本聚类树结果见图7-8。聚类树表明，NF240G2、NF300G2、NF300G1、NF0G2和NF150G2组合处理GS界面土壤优势属组成更加相似，为G1、G2埋深下的各施氮处理"集合"；而NF240G4、NF150G3、NF300G3、NF300G4、NF240G3和NF150G4组合处理优势属组成更加相似，为G3、G4埋深下的施氮处理"集合"。两类聚类间存在明显差异，可见相较施氮而言，地下水埋深对GS界面土壤优势菌属的作用更明显。由图7-8可见，各组合处理下GS界面的土壤优势菌属均为类诺卡氏菌科未知菌属（unclassified_f_Nocardioidaceae）和芽孢杆菌属（Bacillus）。NF0G3和NF0G4处理norank_f_Vicinamibacteraceae、norank_f_norank_o_norank_c_KD4-96属和硝化螺菌属

（Nitrospira）相对丰度低于其他处理，但其处理马赛菌属（Massilia）和庞氏杆菌属（Pontibacter）丰度明显高于其他处理，而NF300G4处理Ellin6067和芽单胞菌属（Gemmatimonas）明显低于其他处理。徐玲花（2014）发现拟杆菌门的庞氏杆菌属可通过α-变形菌纲的菌株获得 *nifH* 基因进而固氮，本研究发现在纲水平，NF0G3和NF0G4处理α-变形菌纲相对丰度占比较高（图7-7b），且其庞氏杆菌属丰度明显高于其他处理，说明不施氮条件下，G3、G4埋深激发了小麦的固氮能力，这也很可能是NF0G3和NF0G4处理包气带土壤矿化量为负而氮素增加的主要原因（表6-1）。

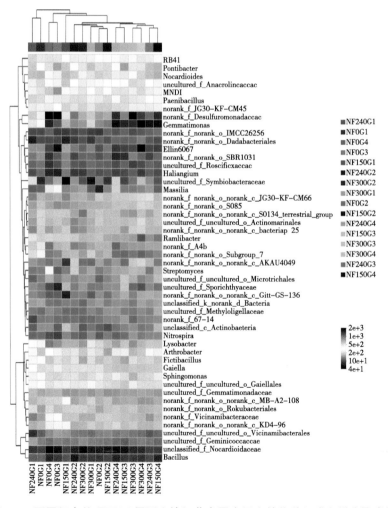

图7-8　不同组合处理下GS界面土壤细菌在属水平上的物种组成和样本聚类树

7.2.6.3　土样与物种关系Circos图分析

可视化圈图（Circos图）能直观反映各处理土壤样本中优势物种分布比例，以及各优势物种在不同土壤样本中的分布比例。不同施氮与地下水埋深组合处理GS界面土壤样品与物种关系可视化圈图见图7-9。

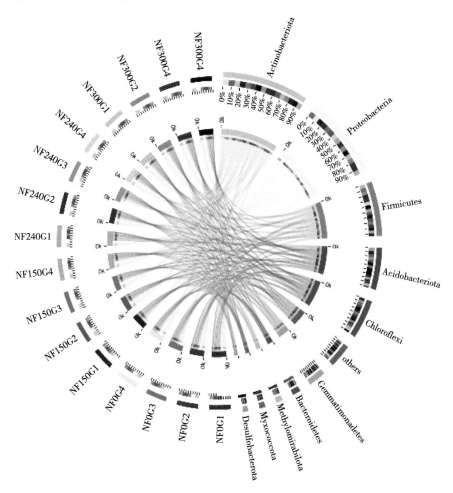

图7-9　不同施氮与地下水埋深组合处理GS界面土壤样品与物种关系可视化圈图

由图7-9可知，不同组合处理GS界面土壤样品占比较大的优势菌属均主要来自放线菌门（Actinobacteriota）、变形菌门（Proteobacteria）、厚壁菌门（Firmicutes）、酸杆菌门（Acidobacteriota）和绿弯菌门（Chloroflexi），其次为芽单胞菌门（Gemmatimonadetes）、拟杆菌门

（Bacteroidetes）、Methylomirabilota、黏球菌门（Myxococcota）和脱硫杆菌门（Desulfobacterota）。

不施氮条件下，放线菌门、变形菌门和拟杆菌门占比均随地下水埋深增加呈上升趋势，G3、G4处理高于G1、G2处理，而酸杆菌门、芽单胞菌门、Methylomirabilota和黏球菌门占比随地下水埋深增加而逐渐降低，G3、G4处理占比明显低于G1、G2处理；NF150施氮下，厚壁菌门、绿弯菌门占比随地下水埋深加深逐渐增加，而变形菌门、芽单胞菌门、拟杆菌门和黏球菌门占比均表现相反，随地下水埋深增加逐渐降低；NF240施氮下，G2和G4处理放线菌门、变形菌门、拟杆菌门和厚壁菌门占比较高，而酸杆菌门、绿弯菌门和黏球菌门占比较低，G3处理Methylomirabilota最高；NF300施氮G2埋深处理除放线菌门、厚壁菌门和脱硫杆菌门外，相比其余埋深处理，其余菌群占比均最低。说明增加地下水埋深可降低芽孢杆菌门相对丰度，增施氮肥至240~300kg/hm²提升了G3、G4埋深处理Methylomirabilota的相对丰度。

各施氮处理间各菌群在门水平的相对丰度差异受地下水埋深影响。G1、G2埋深下NF300处理放线菌门占比最高，NF150处理变形菌门占比最高而酸杆菌门占比最低；而在G3、G4埋深下NF0、NF150处理放线菌门占比最高，NF0处理变形菌门占比最高而酸杆菌门占比最低。整体上，各地下水埋深下拟杆菌门占比随施氮量增加呈先降后增趋势，G1、G2埋深下NF240、NF300处理占比最低，G3、G4埋深下NF150处理占比最低。Methylomirabilota、黏球菌门和脱硫杆菌门占比随施氮量变化趋势受地下水埋深影响。G1、G2埋深下，Methylomirabilota、黏球菌门和脱硫杆菌门占比随施氮量增加呈下降趋势，NF240、NF300施氮处理占比较低，而在G3、G4处理下，Methylomirabilota、黏球菌门占比随施氮量增加呈上升趋势，而脱硫杆菌门呈先增后降趋势，其中NF0处理三者占比相对较低。说明对于较浅地下水埋深（0.6~0.9m），增施氮肥至240~300kg/hm²能够提升放线菌门相对丰度而降低拟杆菌门、Methylomirabilota、黏球菌门和脱硫杆菌门相对丰度；对于较大地下水埋深（1.2~1.5m），与不施氮处理相比，施氮处理提高了Methylomirabilota、黏球菌门和脱硫杆菌门相对丰度，而降低了放线菌门、变形菌门和拟杆菌门相对丰度，且施氮增至300kg/hm²

后脱硫杆菌门占比呈下降趋势。因此，即使在浅地下水埋深条件下，仍有必要考虑降低施氮量。

7.2.7　不同组合处理GS界面样本比较分析

主坐标分析（Principal co-ordinates analysis，PCoA），是一种非约束性的数据降维分析方法，可以有效的找出数据中最"主要"的元素和结构，去除噪音和冗余，将原有的复杂数据降维，揭示隐藏在复杂数据背后的简单结构。本研究选取bray_curtis方法计算样本间距离，利用ANOSIM进行样本组间差异检验，分别对施氮和地下水埋深做PCoA分析，不同组合处理GS界面土壤样品菌群多样性主坐标分析结果见图7-10。由图7-10可知，地下水埋深处理下GS界面土壤样本物种组成差异较大（$P<0.05$），而施氮处理下土样物种组成相近（$P>0.05$）。

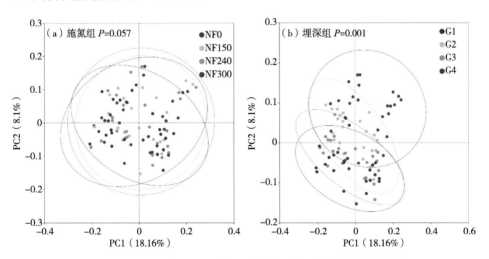

图7-10　不同组合处理GS界面土壤样品菌群多样性主坐标分析

由图7-10可知，地下水埋深组对GS界面土壤物种组成影响较大，为进一步探究各施氮水平下不同地下水埋深处理引起样本物种差异情况，分别选取NF0～NF300四个施氮组，进行地下水埋深PCoA分析，以及基于PCoA分析结果，将同一施氮水平下不同地下水埋深处理土壤样本在第一主成分轴上做箱线图，以直观反映不同埋深处理土样在第一主成分轴上的差异离散情况，结果见图7-11和图7-12。由图7-11、图7-12可见，NF0、

NF150、NF240施氮下各地下水埋深处理菌群多样性差异显著（*P*<0.05）（图7-11a～c），其中G1埋深处理在第一主成分轴上菌群多样性较为离散，NF0、NF150施氮下G1、G2和G3、G4处理间菌群多样性差异明显（图7-12A、B），NF240施氮下G1与G2、G4处理间菌群多样性差异明显（图7-12C）；而NF300施氮下各地下水埋深处理菌群多样性差异不显著（*P*>0.05）（图7-11d，图7-12D）。

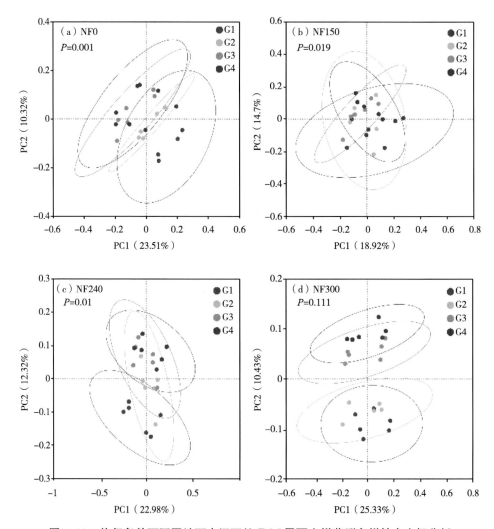

图7-11　施氮条件下不同地下水埋深处理GS界面土样菌群多样性主坐标分析

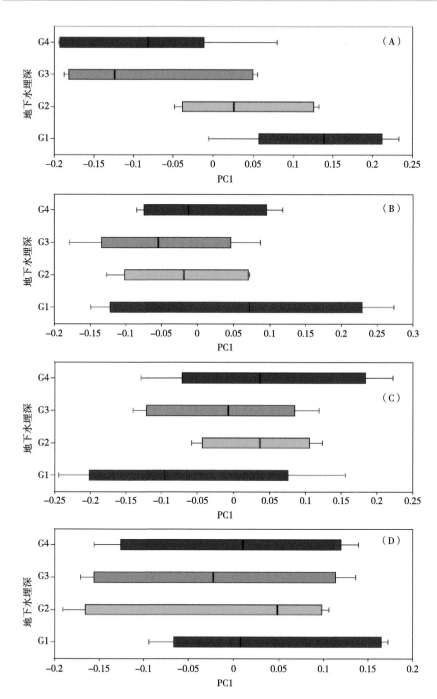

图7-12 施氮条件下不同地下水埋深处理土样菌群多样性在PC1上的差异离散图

注：图中A～D分别表示NF0～NF300施氮条件。

7.2.8 物种差异比较分析

为比较GS界面菌群的差异性，选取门水平，对微生物群落中表现出丰度差异的物种进行比较分析。同一施氮量下不同地下水埋深处理物种群落丰度差异性比较结果见图7-13。

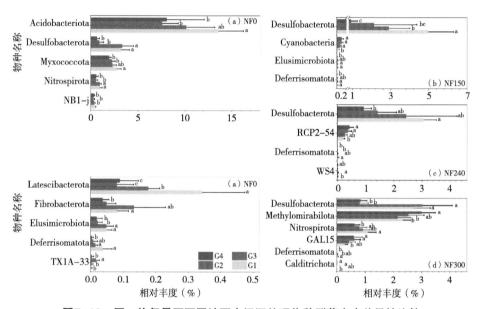

图7-13 同一施氮量下不同地下水埋深处理物种群落丰度差异性比较

注：不同小写字母表示同一施氮下不同地下水埋深处理间差异显著，$P<0.05$。

由图7-13可见，NF0施氮下，G1、G2处理酸杆菌门、脱硫弧菌门、黏球菌门、硝化螺旋菌门、NB1-j、Latescibacterota、Fibrobacterota、Elusimicrobiota、Deferrisomatota相对丰度高于G3、G4处理，其中G1处理与G4处理差异显著，而对于TX1A-33，G2处理显著高于其他埋深处理；NF150施氮下，脱硫弧菌门、Deferrisomatota、Elusimicrobiota相对丰度随地下水埋深增加呈上升趋势，其中G1、G2处理与G4处理差异显著，而Cyanobacteria相对丰度随埋深增加呈递减趋势，其中G2、G3、G4处理与G1处理差异显著；NF240施氮下，G1、G2处理脱硫弧菌门、WS4和Deferrisomatota相对丰度高于G3、G4处理，其中G1处理与G4处理差异显著，而RCP2-54相对丰度表现相反；NF300施氮下，G1、G2处理脱硫弧菌门、硝化螺旋菌门和Deferrisomatota相对丰度高于G3、G4处理，其中

G1处理与G4处理差异显著，而Methylomirabilota和GAL15相对丰度表现相反。不同地下水埋深处理对放线菌门（Actinobacteriota）、变形菌门（Proteobacteria）和厚壁菌门（Firmicutes）为主相对丰度较高的优势菌群并未引起显著差异，而不同地下水埋深处理下差异达到显著性水平的物种多体现于丰度较低的独有菌群，其中不施氮处理相比施氮处理下，地下水埋深处理间物种丰富度差异更多，可能因为施氮促进了作物生长而引发了地下水蒸散强度不一所致；而对有差异的物种而言，G1、G2埋深处理相比G3、G4处理相对丰度显著升高，这可能是因为地下水埋深越浅，GS界面土壤在冬小麦生长期间更容易与外界接触且相对更频繁所致。

　　同一地下水埋深不同施氮量处理物种群落丰度差异比较结果见图7-14。由图7-14可知，相同地下水埋深下，不同施氮处理间仅能引发较少特有菌群相对丰度显著性差异，且其中G2埋深下，不同施氮处理间菌群相对丰度均未达到显著性差异水平，故图7-14中未列出。相同地下水埋深下，NF0、NF150处理菌群相对丰度均较高，其中G1埋深下NF0和NF150处理Methylomirabilota和Desulfobacterota相对丰度显著高于其他施氮处理，G4埋深下NF0、NF150处理Bdellovibrionota相对丰度显著高于NF300施氮处理，可能因为高施氮量引起了较浅埋深地下水上升而降低了菌群丰度差异，而较大埋深低施氮量引起了根系下扎，增加了水土界面土壤菌群丰度和多样性。

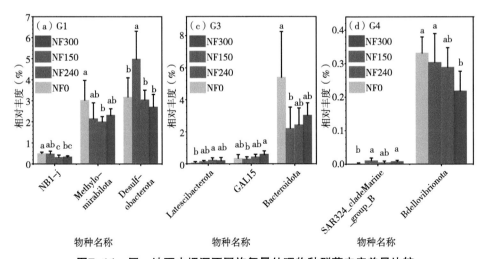

图7-14　同一地下水埋深不同施氮量处理物种群落丰度差异比较

注：不同小写字母表示同一地下水埋深下不同施氮处理间差异显著，$P<0.05$。

7.2.9 不同组合处理GS界面物种差异分析

7.2.9.1 方差膨胀因子分析

为研究GS界面土壤环境因子和冬小麦生长指标对菌群组成的影响，采用冗余分析（Redundancy analysis，RDA）等分析土壤样本菌群组成与环境因子和冬小麦生长指标之间的关系。为保证RDA分析等的正常进行，需先对环境因子和冬小麦生长指标进行筛查，保留共线性较小的环境因子。采用方差膨胀因子分析（Variance inflation factor，VIF）对环境因子进行多重共线性诊断和筛选。通常认为VIF>10的环境因子为无用环境因子，需过滤，然后进行多次筛选，直到选出的环境因子和冬小麦生长指标对应VIF值均小于10为止。方差因子分析结果见表7-5和表7-6。由表7-5可知，GS界面环境因子对应VIF值均小于10，共线性较低，可进行RDA等相关分析；冬小麦生长指标中VIF值均小于10，且可进行RDA等相关分析（表7-6）。

表7-5 筛选后环境因子的VIF值

环境因子	SWC（%）	pH值	EC（μS/cm）	OM（g/kg）	TN（g/kg）	TP（g/kg）	NO_3^--N（mg/kg）	NH_4^+-N（mg/kg）
VIF值	1.44	2.31	2.85	1.32	2.61	6.31	1.67	6.42

注：SWC、pH、EC、OM、TN、TP、NO_3^--N和NH_4^+-N分别表示GS界面土壤含水量（质量）、pH值、电导率、有机质、总氮、总磷、硝态氮和铵态氮。

表7-6 筛选后冬小麦生长和产量因子的VIF值

生长和产量因子	株高（cm）			LAI（cm²/cm²）		
	返青期	开花期	成熟期	抽穗期	灌浆期	灌浆中期
VIF值	6.18	8.69	9.62	8.44	8.00	4.59

7.2.9.2 冗余分析

RDA分析中，红色箭头表示数量型环境因子，环境因子箭头长短表示环境因子对物种的解释量大小，环境因子箭头间的夹角以及环境因子箭头与物种箭头间的夹角表示正负相关性（锐角：正相关；钝角：负相关；直角：

无相关性）（杨睿等，2021）。

在门水平，选取丰度前5的优势物种，进行RDA分析，GS界面土壤样本、菌群和环境因子间RDA分析结果见图7-15a、b，GS界面土壤菌群和冬小麦生长指标间RDA分析结果见图7-15c、d。

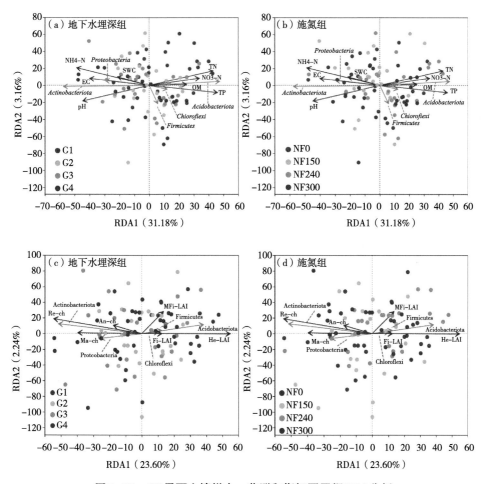

图7-15　GS界面土壤样本、菌群和指标因子间RDA分析

注：Re.-ch，An.-ch和Ma.-ch分别表示冬小麦返青期、开花期和成熟期株高，He.-LAI，Fi.-LAI和MFi-LAI分别表示抽穗期、灌浆期和灌浆中期LAI。

由图7-15可知，地下水埋深和施氮作用下，排名前5的物种分别为放线菌门（Actinobacteriota）、酸杆菌门（Acidobacteriota）、变形菌门（Proteobacteria）、厚壁菌门（Firmicutes）和绿弯菌门（Chloroflexi）。

由图7-15可知，厚壁菌门（Firmicutes）和绿弯菌门（Chloroflexi）分布差异较小，铵态氮、pH值和电导率与放线菌门（Actinobacteriota）紧密相关，而总氮和总磷与酸杆菌门（Acidobacteriota）紧密相关；返青期和成熟期株高生长与放线菌门（Actinobacteriota）紧密相关，抽穗期LAI与酸杆菌门（Acidobacteriota）紧密相关。环境因子显著影响GS界面土壤细菌群落结构（$P<0.05$），但土壤含水量和有机质对群落结构作用的R^2较小（$0.10\sim0.13$）；冬小麦生长指标中返青期、成熟期株高和抽穗期LAI显著影响GS界面土壤细菌群落结构（$P<0.05$）。

由图7-15可见，总氮、总磷、有机质和硝态氮间呈正相关性，可划分为第一类，铵态氮、pH值、电导率和土壤含水量间同样呈正相关性，可划为第二类，第一类和第二类环境因子间则呈负相关关系。由图7-15可见，冬小麦生长指标中株高和LAI分为两类。

7.2.9.3　物种和指标因子聚类及其之间的Spearman相关性分析

（1）物种和环境因子聚类及其之间的Spearman相关性分析。在门水平，选取总丰度前20的物种，对GS界面土壤细菌组成和环境因子进行聚类分析，结果见图7-16。

由图7-16中竖向聚类树可见，环境因子可分为A、B两类，A类为有机质、总氮、总磷和硝态氮，B类为土壤含水量、pH值、电导率和铵态氮含量；由图7-16中横向聚类树可见，物种组成可划分为四类，第Ⅰ类为放线菌门（Actinobacteriota）、变形菌门（Proteobacteria）和拟杆菌门（Bacteroidota）；第Ⅱ类为脱硫杆菌门（Desulfobacterota）、NB1-j、Methylomirabilota和GAL15；第Ⅲ类为硝化螺旋菌门（Nitrospirota）、未分类门的反硝化细菌门（unclassified_k_norank_d_Bacteria）、Dadabacteria、RCP2-54、Myxococcota、肠杆菌门（Entotheonellaeota）、酸杆菌门（Acidobacteriota）和浮霉菌门（Planctomycetota）；第Ⅳ类为厚壁菌门（Firmicutes）、绿弯菌门（Chloroflexi）、芽单胞菌门（Gemmatimonadota）、髌骨细菌门（Patescibacteria）和疣微菌门（Verrucomicrobiota）。

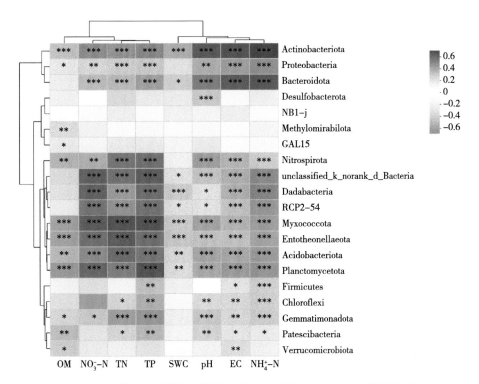

图7-16 物种和环境因子聚类树及其之间的Spearman相关性热图

有机质与Methylomirabilota和GAL15呈显著负相关关系，pH值与脱硫杆菌门呈显著正相关关系。第Ⅲ类物种与A类环境因子呈显著正相关关系（其中有机质与未分组反硝化细菌门、Dadabacteriaa和RCP2-54相关性不显著）（$P<0.05$），与B类环境因子呈显著负相关关系（其中土壤含水量与硝化螺旋菌门相关性不显著）（$P<0.05$）。A类环境因子与绿弯菌门、芽单胞菌门、髌骨细菌门呈显著正相关关系（其中硝态氮与髌骨细菌门相关性不显著）（$P<0.05$），而除土壤含水量外，B类环境因子与此3种菌门均呈显著负相关关系（$P<0.05$）。

（2）物种和冬小麦生长指标因子聚类及其之间的Spearman相关性分析。在门水平，选取总丰度前20的物种，对GS界面土壤细菌组成和冬小麦生长指标因子进行聚类分析，结果见图7-17。

由图7-17竖向聚类树可见，冬小麦生长指标因子可分为株高和LAI两类。由图7-17横向聚类树可见，物种组成可划分为四类，第一类为拟杆菌门（Bacteroidota）、放线菌门（Actinobacteriota）和变形菌门

（Proteobacteria）；第二类为脱硫弧菌门（Desulfobacterota）、GAL15、NB1-j、Methylomirabilota和疣微菌门（Verrucomicrobiota）；第三类为Myxococcota、肠杆菌门（Entotheonellaeota）、Dadabacteria、unclassified_k_norank_d_Bacteria和RCP2-54；第四类为酸杆菌门（Acidobacteriota）、浮霉菌门（Planctomycetota）、芽单胞菌门（Gemmatimonadota）、绿弯菌门（Chloroflexi）、硝化螺旋菌门（Nitrospirota）、厚壁菌门（Firmicutes）和髌骨细菌门（Patescibacteria）。

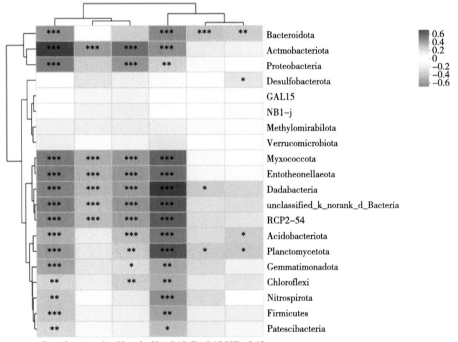

图7-17　物种和环境因子聚类树及其之间的Spearman相关性热图

株高与放线菌门相对丰度呈显著正相关关系（图7-17），其中返青期株高与第一类菌群相对丰度呈显著正相关关系，而LAI与拟杆菌门相对丰度呈显著负相关关系，其中抽穗期LAI与第一类菌群相对丰度呈显著负向关系；株高与第三类菌群相对丰度呈显著负相关关系，返青期株高与第四类菌群相对丰度呈显著负相关关系，而抽穗期LAI与第三、第四类菌群相对丰度均呈显著正相关关系（$P<0.05$）。

7.2.9.4　方差分解分析

方差分解分析（Variance partitioning analysis，VPA）可用于定量评估分组因子变量对菌群差异的单独和共同解释度。基于物种和环境因子的聚类树分析结果见图7-16。由图7-16可知，在门水平上，将环境因子分为A、B两组，A组为有机质、总氮、总磷和硝态氮，B组为土壤含水量、pH值、电导率和铵态氮含量，进行VPA分析，结果见图7-18a。由图7-18a可见，环境因子对群落组成的解释度为23.70%，其中B组环境因子的解释度最高。由图7-17可知，在门水平上，将冬小麦生长指标因子分为株高和LAI两组，VPA分析结果见图7-18b。由图7-18b可见，冬小麦生长指标因子对群落组成的解释度为22.01%，其中LAI的解释度最高，为1.77%。

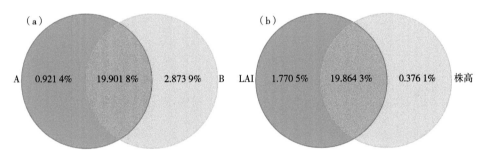

图7-18　指标因子对菌群差异的解释度

注：（a）为环境因子对菌群差异的解释度，（b）为冬小麦生长指标对菌群差异的解释度。

7.2.10　关联分析

单因素相关性网络图是根据物种与物种之间的相关关系绘制网络图，用于反映样本中物种间的相互作用。选取属水平总丰度前50的物种，采用Spearman相关系数类型，根据相关系数|r|>0.5和P<0.05筛选物种，结果见图7-19。由图7-19可见，在属水平上的50种细菌，有688个呈显著正相关关系，有512个呈显著负相关关系。厚壁菌门（Firmicutes）下的芽孢杆菌属（Bacillus）、假芽孢杆菌属（Fictibacillus），放线菌门（Actinobacteriota）下的unctassified_Nocardioidaceae、uncultureduncultured_o_Gaiellales、Gaiella和norank_f_norank_onorark_c_MB-A2-108属，变形菌门

（Proteobacteria）下的uncultured_f Geminicoccaceae、Lysobacter、鞘氨醇单胞菌属（Sphingomonas）和MND1属，Dadabacteria门下的norank_f_norank_o_Rokubacteriales属，酸杆菌门（Acidobacteriota）下的norank_f_Vicinamibacteraceae、uncultured_f_uncultured_o_Vicinamibacterales属，芽单胞菌门（Gemmatimonadota）下的uncultured_f_Gemmatimonadaceae属，拟杆菌门（Bacteroidota）下的海洋杆菌属（Pontibacter），绿弯菌门（Chloroflexi）下的norank_f_norank_norank_c_KD4-96、uncultured_Anaerolineaceae和norank_f_norank_onorank_JG30-F-CM66属相对丰度较大。norank_f_norank_o_norank_c_bacteriap25与uncultured_f_uncultured_o_Actinomarinales属呈最大正相关性（R^2=0.798），norank_f_norank_o_S085与Nocardioides属呈最大负相关性（R^2=-0.742）。

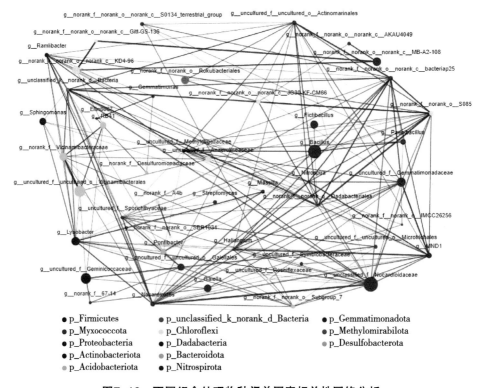

图7-19　不同组合处理物种间单因素相关性网络分析

7.3 小结

（1）增施氮肥降低了0.6～0.9m地下水埋深GS界面土壤pH值和电导率，而对1.2～1.5m地下水埋深界面土壤电导率作用不显著，土壤pH值有所上升。

（2）地下水埋深1.5m下施氮0～150kg/hm²有利于提升GS界面土壤有机质含量，而施氮300kg/hm²处理有机质含量显著降低。地下水埋深0.6～1.2m下施氮150～240kg/hm²有助于促进GS界面土壤总磷形成，超过该范围持续施氮反而降低了土壤总磷含量。

（3）GS界面硝态氮、总氮含量随地下水埋深增加呈降低趋势。0～150kg/hm²施氮下，0.6m地下水埋深处理比0.9～1.5m处理平均高出1.07～2.12倍；150～300kg/hm²施氮下0.6～0.9m埋深铵态氮含量比1.5m处理显著高出5.3%～19.99%。增施氮肥相比不施氮而言有利于GS界面土壤总氮形成，但降低了无机氮含量。

（4）地下水埋深1.5m下增施氮肥有助于提升GS界面土壤菌群多样性和丰富度，但施氮超过240kg/hm²后作用不明显且会降低0.6～0.9m处理GS界面土壤细菌种类数及其占比。

（5）增施氮肥有利于提高0.6～0.9m地下水埋深拟杆菌纲、Methylomirabilia纲和丙酸杆菌目相对丰度，而不利于1.2～1.5m地下水埋深拟杆菌纲、丙酸杆菌目、伯克霍尔德氏菌目和根瘤菌目生长，该埋深下的较优施氮量为0～150kg/hm²。

（6）相较施氮而言，地下水埋深对GS界面土壤优势菌属的作用更明显，不施氮与1.2～1.5m地下水埋深组合处理明显增加了庞氏杆菌属相对丰度；埋深加大会降低芽孢杆菌门相对丰度，增施氮肥至240～300kg/hm²提升了1.2～1.5m地下水埋深下Methylomirabilota菌门相对丰度。

（7）地下水埋深显著影响GS界面土壤物种组成多样性和菌群相对丰度，施氮作用不显著，但地下水埋深仅作用相对丰度较小的少量菌群，且菌群多样性及丰度受施氮量限制。具体表现为菌群相对丰度随地下水埋深增加而降低，不施氮条件下0.6m埋深处理酸杆菌门、脱硫弧菌门、黏球菌门、硝化螺旋菌门和NB1-j门等9种菌群相对丰度显著高于1.5m地下水埋深处理，而150～300kg/hm²各施氮条件下仅相对丰度<5%的3种菌群存在显著性差异。

（8）根据环境因子与物种组成的聚类关系表明环境因子可划分两组，一组为总氮、总磷、有机质和硝态氮，另一组为铵态氮、pH值、电导率和土壤含水量，组内各环境因子间呈正相关关系，而组间各环境因子呈负相关关系；环境因子总氮、总磷、硝态氮、pH值、电导率和铵态氮显著影响GS界面土壤细菌群落结构。

（9）硝态氮、总氮和总磷与放线菌门、变形菌门和拟杆菌门呈显著负相关关系，而与硝化螺旋菌门、未分类门的反硝化细菌门、Dadabacteria门、RCP2-54门、Myxococcota门、肠杆菌门、酸杆菌门和浮霉菌门以及绿弯菌门和芽单胞菌门呈显著正相关关系；土壤pH值、电导率和铵态氮均与放线菌门、变形菌门和拟杆菌门呈显著正相关关系，而与硝化螺旋菌门、未分类门的反硝化细菌门、Dadabacteria门、RCP2-54门、Myxococcota门、肠杆菌门、酸杆菌门和浮霉菌门以及绿弯菌门和芽单胞菌门呈显著负相关关系。

8 结论与展望

8.1 主要结论

本研究以冬小麦为供试作物，基于Lysimeters装置群模拟不同包气带厚度和设置不同施氮量，阐释了冬小麦物质积累、地下水蒸散和水分利用效率与地下水埋深和施氮的响应特征；构建了氮素表观损失方程，剖析了作物—土壤系统氮素积累、转运和分配随地下水埋深和施氮量变化的演变特征，核算了不同组合处理的氮素生产利用能力；解析了GS界面土壤微生物特性，进而明晰了地下水埋深和施氮组合对作物—土壤系统冬小麦生长、水氮利用、氮素积累和转化的作用机制，研究结果为水氮调控及农业可持续发展提供了理论依据。主要结论如下。

（1）施氮和地下水埋深对冬小麦生长、物质积累转运和产量形成存在显著的地下水水氮耦合效应，地下水埋深和施氮主要通过增加冬小麦穗部性状和有效穗数来增产。施氮处理下冬小麦生长指标、产量以及物质积累和转运量存在最大对应的最优地下水埋深，施氮0~150kg/hm²最优地下水埋深为1.2~1.5m，施氮240~300kg/hm²最优埋深为0.6~1.2m，该埋深随施氮量增加呈降低趋势。

（2）施氮不足和施氮过量均不利于冬小麦生长、物质积累和产量形成。0.6~0.9m埋深增施氮肥有助于冬小麦生长、地上部干物质量、氮素积累和转运，进而增产；埋深超过1.2m后，施氮150~240kg/hm²生长指标、干物质积累和转运量以及产量均较优，持续增施氮肥至300kg/hm²反而降低了干物质和开花期植株氮素积累量，而成熟期增施氮肥并未显著促进作物器官和地上部植株吸氮量，受年际叠加效应施氮处理间差异进一步缩小。

（3）冬小麦蛋白质含量随施氮量和地下水埋深增加而增加，年际叠加施氮会缩小各地下水埋深处理间差距；增施氮肥不利于淀粉积累，籽粒淀粉随地下水埋深增加明显降低。0.6～0.9m埋深下增施氮肥有助于提升籽粒蛋白质含量，但施氮量超过240kg/hm²时作用效应较弱，而1.2～1.5m埋深下增施氮肥并不能显著促进籽粒蛋白质合成，施氮量可保持在150～240kg/hm²。

（4）施氮和地下水埋深显著影响冬小麦地下水蒸散量，但作用效应受生育阶段影响。苗期—返青期和成熟期，地下水埋深作用显著；拔节—灌浆期，施氮、地下水埋深与施氮的交互作用显著影响冬小麦地下水日蒸散速率。拔节—灌浆期增施氮肥有助于0.6～0.9m埋深地下水蒸散速率，而地下水埋深>1.2m，施氮300kg/hm²降低了地下水日蒸散速率。施氮能够提高作物的环境抗逆能力和调动作物对0.6～0.9m埋深地下水的利用。0.6m埋深下施氮300kg/hm²水分利用效率比150～240kg/hm²处理高出14.81%；而在1.2m埋深下施氮150kg/hm²水分利用效率比240～300kg/hm²处理高出10.67%。

（5）施氮介于150～240kg/hm²，地下水埋深增加有助于提升冬小麦氮素吸收利用率，而氮肥偏生产力和氮肥利用率在0.9～1.2m埋深下最高；施氮增至300kg/hm²后，地下水埋深加大明显降低氮肥偏生产力和氮素吸收利用率。高施氮量降低了氮素吸收利用率和氮肥偏生产力，施氮150kg/hm²冬小麦氮素利用效率最高，比240～300kg/hm²施氮处理高出53.72%～119.79%。

（6）水位降低引发土壤硝态氮累积而增强土壤脲酶活性，其中1.2～1.5m埋深主根系层硝态氮累积量是0.6～0.9m埋深的1.51～4.18倍；增施氮肥和年际间叠加施氮均会大幅增加土壤硝态氮残留，尤其是当埋深>1.2m施氮量高于240kg/hm²下主根系层硝态氮残留量将急剧上升。0.6～1.2m埋深增施氮肥有效促进主根系层脲酶活性，150～240kg/hm²、240～300kg/hm²施氮提升了总磷和总氮含量，而埋深增至1.5m后，高施氮量300kg/hm²反而降低了土壤总氮和总磷含量。

（7）0.6～0.9m埋深下增施氮肥加剧土壤表观氮损失，施氮240～300kg/hm²比150kg/hm²平均高出4.86～7.02倍，而1.2～1.5m埋深下施氮150kg/hm²包气带土壤氮素表现亏缺，施氮量超过240kg/hm²后同样会引发氮素表观损失，尤其是1.5m埋深下施氮300kg/hm²氮素表观损失量最高。

（8）增施氮肥能提升0.6～0.9m埋深GS界面土壤拟杆菌纲、Methylomirabilia纲和丙酸杆菌目相对丰度，但不利于1.2～1.5m埋深拟杆菌纲、丙酸杆菌目、伯克霍尔德氏菌目和根瘤菌目生长，该埋深下的较优施氮量为0～150kg/hm²。

（9）地下水埋深显著影响GS界面土壤物种组成多样性和菌群相对丰度，施氮作用不显著，但地下水埋深仅作用相对丰度较小的少量菌群，且菌群多样性及丰度受施氮量限制。具体表现为菌群相对丰度随埋深增加而降低，不施氮下0.6m埋深处理酸杆菌门、脱硫弧菌门、黏球菌门、硝化螺旋菌门和NB1-j门等9种菌群相对丰度显著高于1.5m埋深处理，而150～300kg/hm²各施氮条件下地下水埋深处理间仅相对丰度<5%的3种菌群存在显著性差异。

综合考虑冬小麦的生长、物质积累、水氮利用、包气带、主要根系层氮素残留状况以及GS界面氮素赋存情形，较大地下水埋深区域应在传统施氮基础上减少20%～50%施氮量，而埋深较小的区域增加施氮量虽能促进作物生长和产量，但显著降低了氮素利用率，且高施氮量包气带土壤硝态氮当季残留量依然较高，容易受外界条件影响而污染地下水（如强降雨和大灌溉水的挤压），潜在威胁较大，应综合考虑农业的经济收益、农业可持续绿色发展和农区生态环境优化施氮。

8.2 研究展望

（1）从农田氮平衡过程来看，氮素气体损失是农田氮素的一个重要氮去向。本研究针对浅层地下水埋深和施氮对作物、土壤等的氮素做了剖析，但浅地下水埋深与施氮对气态氮素的作用影响应进一步研究，同时，扩大研究尺度（如农田、农区区域尺度），增加更多的氮素输入项与输出项，如探索浅地下水埋深与施氮处理对氨挥发和N_2O排放的互作效应，并以G-SPAC系统水分传输理论和氮素平衡理论完善农田区域尺度的水氮时空耦合机制。

（2）本研究从试验模拟角度探索浅层地下水与施氮量对作物水氮利用和土壤氮素残留的影响，但土壤氮素原位在线监测手段还有待提升，生育期内氮素的迁移转化规律研究有待深化；系统梳理土壤溶液提取器参数，建立溶液提取器参数与土壤物理特性关系模型，用以表征溶液提取器的工作性能和条件，如构建溶液提取器使用规范，溶液提取器正常工况的土壤水分曲线等。

（3）GS界面位于包气带与地下水位的交界处，与地表距离因地下水位而不同，环境条件极为复杂和特殊，研究较为困难，但其对地下水污染、元素损失和包气带生化环境等有着重要的影响。本研究提出了GS界面理论，阐释了界面环境因子与微生物特性的相关关系；但该界面的氮素转化过程与界面环境因子关联密切，本研究对界面环境因子的监测还不够充分，因此，应从模拟试验探索界面氮素的来源去向、反应过程，到区域尺度验证界面氮素反应过程，进而揭示相关机理，对于实现农业水、土和养分资源优化利用及农业生态环境保护均具有重要意义。

参考文献

安志超，黄玉芳，马晓晶，等，2017. 连续不同施氮对小麦—玉米轮作农田土壤理化性状的影响. 麦类作物学报，37（11）：1461-1466.

巴比江，郑大玮，贾云茂，等，2004a. 地下水埋深对冬麦田土壤水分及产量的影响. 节水灌溉（5）：5-9.

巴比江，郑大玮，卡热玛·哈木提，等，2004b. 地下水埋深对春玉米田土壤水分及产量的影响. 水土保持学报，18（3）：57-60，65.

白岚方，张向前，张德健，等，2022. 不同施氮水平下青贮玉米农田土壤酶活性时空分布特征. 土壤通报，53（5）：1088-1097.

柏菊，王发信，李逢春，2014. 地下水位埋深对小麦产量及构成影响的试验研究. 水电能源科学，32：131-133.

蔡瑞国，张迪，张敏，等，2014. 雨养和灌溉条件下施氮量对小麦干物质积累和产量的影响. 麦类作物学报，34（2）：194-202.

曹和平，蒋静，翟登攀，等，2022. 施氮量对土壤水氮盐分布和玉米生长及产量的影响. 灌溉排水学报，41（6）：47-54.

曹胜彪，张吉旺，董树亭，等，2012. 施氮量和种植密度对高产夏玉米产量和氮素利用效率的影响. 植物营养与肥料学报，18（6）：1343-1353.

陈广锋. 2018. 华北平原小农户小麦/玉米高产高效限制因素及优化体系设计研究. 北京：中国农业大学.

陈文婷，付岩梅，隋跃宇，等，2013. 长期施肥对不同有机质含量农田黑土土壤酶活性及土壤肥力的影响. 中国农学通报，29（15）：78-83.

陈效民，吴华山，孙静红，2006. 太湖地区农田土壤中铵态氮和硝态氮的时空变异. 环境科学，27（6）：1217-1222.

陈智勇，谢迎新，张阳阳，等，2020. 小麦根长密度和根干重密度对氮肥的响应及其与产量的关系. 麦类作物学报，40（10）：1223-1231.

崔亮，杨文钰，黄妮，等，2015. 玉米—大豆带状套作下玉米株型对大豆干物质积累和产量形成的影响. 应用生态学报，26（8）：2414-2420.

崔振岭，陈新平，张福锁，等，2008. 华北平原小麦施肥现状及影响小麦产量的因素分析. 华北农学报，23（S1）：224-229.

崔正勇，李新华，裴艳婷，等，2018. 氮磷配施对冬小麦干物质积累、分配及产量的影响. 西北农业学报，27（3）：339-346.

杜新强，方敏，冶雪艳，2018. 地下水"三氮"污染来源及其识别方法研究进展. 环境科学，39（11）：5266-5275.

段文学，于振文，张永丽，等，2012. 施氮量对旱地小麦氮素吸收转运和土壤硝态氮含量的影响. 中国农业科学，45（15）：3040-3048.

范雪梅，戴廷波，姜东，等，2004. 花后干旱与渍水下氮素供应对小麦碳氮运转的影响. 水土保持学报，18（6）：63-67.

方正武，朱建强，威杨，2012. 灌浆期地下水位对小麦产量及构成因素的影响. 灌溉排水学报（3）：72-74.

盖霞普，刘宏斌，翟丽梅，等，2018. 长期增施有机肥/秸秆还田对土壤氮素淋失风险的影响. 中国农业科学，51（12）：2336-2347.

高超，张桃林，孙波，等，2002. 1980年以来我国农业氮素管理的现状与问题. 南京大学学报（自然科学），38（5）：716-721.

宫兆宁，宫辉力，邓伟，等，2006. 浅埋条件下地下水—土壤—植物—大气连续体中水分运移研究综述. 农业环境科学学报（S1）：365-373.

谷利敏. 2014. 小麦玉米周年氮水耦合对麦季氮素流向和利用效率的影响. 泰安：山东农业大学.

顾南，张建云，刘翠善，等，2021. 地下水埋深对淮北平原冬小麦耗水量影响试验研究. 水文地质工程地质，48（4）：15-24.

郭丙玉，高慧，唐诚，等，2015. 水肥互作对滴灌玉米氮素吸收、水氮利用效率及产量的影响. 应用生态学报，26（12）：3679-3686.

郭曾辉，刘朋召，雒文鹤，等，2021. 限水减氮对关中平原冬小麦氮素利用和氮素表观平衡的影响. 应用生态学报，32（12）：4359-4369.

郭枫，郭相平，袁静，等，2008. 地下水埋深对作物的影响研究现状. 中国农村水利水电（1）：63-66.

郭魏，2016. 再生水灌溉对氮素生物有效性影响的微生物作用机制. 北京：中国农业科学院.

韩洋，2019. 再生水不同灌水水平对土壤质量及致病菌分布的影响. 北京：中国农业科学院.

韩一军，韩亭辉，2021. "十四五"时期我国小麦增产潜力分析与实现路径. 农业经济问题（7）：38-46.

何文天，2017. 基于作物—土壤模型的作物产量与农田氮素平衡模拟研究. 北京：中国农业科学院.

贺纪正，张丽梅，2009. 氨氧化微生物生态学与氮循环研究进展. 生态学报，29（1）：406-415.

侯朋福，薛利祥，袁文胜，等，2023. 缓控释肥深施对黏性土壤麦田氮素去向的影响. 环境科学，44（1）：473-481.

胡春胜，张玉铭，秦树平，等，2018. 华北平原农田生态系统氮素过程及其环境效应研究. 中国生态农业学报，26（10）：1501-1514.

胡军，梅海鹏，赵家祥，等，2022. 地下水浅埋条件下夏玉米渍害指标及蒸腾耗水规律试验研究. 节水灌溉（6）：50-56.

胡梦芸，门福圆，张颖君，等，2016. 水氮互作对作物生理特性和氮素利用影响的研究进展. 麦类作物学报，36（3）：332-340.

胡语妍，万文亮，王江丽，等，2018. 不同水氮处理对滴灌春小麦氮素积累转运及产量的影响. 石河子大学学报（自然科学版），36（4）：448-456.

黄波，张妍，孙建强，等，2019. 氮密互作对淮北砂姜黑土区冬小麦冠层光合特性和产量的影响. 麦类作物学报，39（8）：994-1002.

黄倩楠，党海燕，黄婷苗，等，2020. 我国主要麦区农户施肥评价及减肥潜力分析. 中国农业科学，53（23）：4816-4834.

霍中洋，葛鑫，张洪程，等，2004. 施氮方式对不同专用小麦氮素吸收及氮肥利用率的影响. 作物学报，30（5）：449-454.

吉艳芝，冯万忠，郝晓然，等，2014. 不同施肥模式对华北平原小麦—玉米轮作体系产量及土壤硝态氮的影响. 生态环境学报，23（11）：1725-1731.

吉艳芝，巨晓棠，刘新宇，等，2010. 不同施氮量对冬小麦田氮去向和气态损失的影响. 水土保持学报，24（3）：113-118.

贾可，刘建玲，沈兵，2020. 近14年北方冬小麦肥料产量效应变化及优化施肥方案. 植物营养与肥料学报，26（11）：2032-2042.

姜丽娜，张雅雯，朱娅林，等，2019. 施氮量对不同品种小麦物质积累、转运及产量的影响. 作物杂志（5）：151-158.

蒋会利，温晓霞，廖允成，2010. 施氮量对冬小麦产量的影响及土壤硝态氮运转特性. 植物营养与肥料学报，16（1）：237-241.

焦晓光，隋跃宇，魏丹，2011. 长期施肥对薄层黑土酶活性及土壤肥力的影响. 中国土壤与肥料（1）：6-9.

焦亚鹏，齐鹏，王晓娇，等，2020. 施氮量对农田土壤有机氮组分及酶活性的影响. 中国农业科学，53（12）：2423-2434.

巨晓棠，谷保静，2017. 氮素管理的指标. 土壤学报，54（2）：281-296.

亢连强，齐学斌，马耀光，等，2007. 不同地下水埋深条件下再生水灌溉对冬小麦生长的影响. 农业工程学报，23（6）：95-100.

孔德杰，李娜，任广鑫，等，2022. 不同施肥水平对长期麦豆轮作体系土壤氮素及产量的影响. 西北农业学报，31（6）：729-740.

孔繁瑞，屈忠义，刘雅君，等，2009. 不同地下水埋深对土壤水、盐及作物生长影响的试验研究. 中国农村水利水电（5）：44-48.

孔丽婷，蒋桂英，杨灵威，2021. 减量施氮对滴灌春小麦干物质和氮素积累转运特征的影响. 麦类作物学报，41（3）：317-327.

雷志栋，杨诗秀，倪广恒，等，1992. 地下水位埋深类型与土壤水分动态特征. 水利学报（2）：1-6.

李彬，史海滨，闫建文，等，2014. 节水改造后盐渍化灌区区域地下水埋深与土壤水盐的关系. 水土保持学报，28（1）：117-122.

李浩然，李雁鸣，李瑞奇，2022. 灌溉和施氮对小麦产量形成及土壤肥力影响的研究进展. 麦类作物学报，42（2）：196-210.

李明辉，冯绪猛，郭俊杰，等，2022. 不同施氮水平下土壤微生物种群异步性与稻麦产量的关系. 土壤学报，59（6）：1-13.

李莎莎，马耕，刘卫星，等，2018. 大田长期水氮处理对土壤氮素及小麦籽粒淀粉糊化特性的影响. 作物学报，44（7）：1067-1076.

李升东，王法宏，司纪升，等，2012. 氮肥管理对小麦产量和氮肥利用效率的影响. 核农学报，26（2）：403-407.

李翔，杨天学，白顺果，等，2013. 地下水位波动对包气带中氮素运移影响规律的研究. 农业环境科学学报, 32（12）: 2443-2450.

梁伟琴, 贾莉, 郭黎明, 等, 2022. 水氮耦合对春小麦干物质累积与植株氮素转运的影响. 作物杂志, 209（4）: 242-248.

梁运江, 许广波, 谢修鸿, 等, 2011. 水肥处理对辣椒保护地土壤pH值的影响. 水利水电科技进展, 31（2）: 50-52, 62.

刘昌明. 1993. 自然地理界面过程与水文界面分析//中国科学院地理研究所编. 自然地理综合研究——黄秉维学术思想探讨. 北京: 气象出版社.

刘昌明. 1997. 土壤—植物—大气系统水分运行的界面过程研究. 地理学报, 52（4）: 80-87.

刘恩科, 梅旭荣, 龚道枝, 等, 2010. 不同生育时期干旱对冬小麦氮素吸收与利用的影响. 植物生态学报, 34（5）: 555-562.

刘鹄, 赵文智, 李中恺, 2018. 地下水依赖型生态系统生态水文研究进展. 地球科学进展, 33（7）: 741-750.

刘见, 宁东峰, 秦安振, 等, 2021. 黄淮南部平原喷灌冬小麦灌浆特性及水氮优化耦合研究. 水土保持学报, 35（1）: 244-250.

刘凯, 杨福田, 谢英荷, 等, 2020. 减氮覆膜对黄土高原旱地小麦产量及氮素残留的影响. 应用与环境生物学报, 26（3）: 619-625.

刘鹏, 杨树青, 樊美蓉, 等, 2021. 变化地下水埋深与灌水量对土壤水与地下水交换的影响. 灌溉排水学报, 40（7）: 66-73.

刘善江, 夏雪, 陈桂梅, 等, 2011. 土壤酶的研究进展. 中国农学通报, 27（21）: 1-7.

刘淑英, 2010. 不同施肥对西北半干旱区土壤脲酶和土壤氮素的影响及其相关性. 水土保持学报, 24（1）: 219-223.

刘鑫, 左锐, 孟利, 等, 2021. 地下水位上升过程硝态氮（硝酸盐）污染变化规律研究. 中国环境科学, 41（1）: 232-238.

刘学军, 赵紫娟, 巨晓棠, 等, 2002. 基施氮肥对冬小麦产量、氮肥利用率及氮平衡的影响. 生态学报, 22（7）: 1122-1128.

刘战东, 牛豪震, 贾云茂, 2010. 不同地下水埋深对冬小麦需水量的影响. 节水灌溉（8）: 1-3.

刘战东, 刘祖贵, 俞建河, 等, 2014. 地下水埋深对玉米生长发育及水分利用的影响. 排灌机械工程学报，32（7）：617-624.

刘战东，肖俊夫，牛豪震，等，2011. 地下水埋深对冬小麦和春玉米产量及水分生产效率的影响. 干旱地区农业研究，29（1）：29-33.

刘忠，李保国，傅靖，2009. 基于DSS的1978—2005年中国区域农田生态系统氮平衡. 农业工程学报，25（4）：168-175，317.

龙素霞，李芳芳，石书亚，等，2018. 氮磷钾配施对小麦植株养分吸收利用和产量的影响. 作物杂志（6）：96-102.

吕广德，王超，靳雪梅，等，2020. 水氮组合对冬小麦干物质及氮素积累和产量的影响. 应用生态学报，31（8）：2593-2603.

马东辉，王月福，周华，等，2007. 氮肥和花后土壤含水量对小麦干物质积累、运转及产量的影响. 麦类作物学报，27（5）：847-851.

马东辉，赵长星，王月福，等，2008. 施氮量和花后土壤含水量对小麦旗叶光合特性和产量的影响. 生态学报，28（10）：4896-4901.

马耕，张盼盼，王晨阳，等，2015. 高产小麦花后植株氮素累积、转运和产量的水氮调控效应. 麦类作物学报，35（6）：798-805.

马尚宇，王艳艳，黄正来，等，2019. 渍水对小麦生长的影响及耐渍栽培技术研究进展. 麦类作物学报，39（7）：835-843.

门洪文，张秋，代兴龙，等，2011. 不同灌水模式对冬小麦籽粒产量和水、氮利用效率的影响. 应用生态学报，22（10）：2517-2523.

明广辉，田富强，胡宏昌，2018. 地下水埋深对膜下滴灌棉田水盐动态影响及土壤盐分累积特征. 农业工程学报，34（5）：90-97.

蒲芳，黄金廷，宋歌，等，2022. 浅埋深黏土包气带氮迁移转化原位实验研究. 中国环境科学，42（6）：2707-2713.

齐学斌，亢连强，李平，等，2007. 不同潜水埋深污水灌溉硝态氮运移试验研究. 中国农学通报，160（10）：188-196.

沈振荣. 1992. 水资源科学实验与研究——大气水、地表水、土壤水、地下水相互转化关系. 北京：中国科学技术出版社.

宋永林，袁锋明，姚造华，2002. 化肥与有机物料配施对作物产量及土壤有机质的影响. 华北农学报，17（4）：73-76.

苏天燕，刘文杰，杨秋，等，2020. 土壤碳循环对地下水位的响应研究进展.

中国沙漠，40（5）：180-189.

苏天燕，刘子涵，丛安琪，等，2021. 地下水埋深对半干旱区典型植物群落土壤酶活性的影响. 中国沙漠，41（4）：185-194.

孙海龙，吕志远，郭克贞，等，2008. 浅埋条件下地下水对人工草地 SPAC 系统影响初探. 内蒙古农业大学学报，29（2）：148-153.

孙梦，冯昊翔，张晓燕，等，2022. 不同土壤肥力下施氮量对小麦产量和品质的影响. 麦类作物学报，42（7）：826-834.

孙瑞莲，朱鲁生，赵秉强，等，2004. 长期施肥对土壤微生物的影响及其在养分调控中的作用. 应用生态学报，15（10）：1907-1910.

孙仕军，隋文华，陈伟，等，2020. 地下水埋深对辽宁中部地区玉米根系和干物质积累的影响. 生态学杂志，39（2）：497-506.

孙仕军，张岐，陈伟，等，2018. 地下水埋深对辽宁中部地区膜下滴灌玉米生长及产量的影响. 水土保持学报，32（5）：170-175，182.

王兵，刘文兆，党廷辉，等，2011. 黄土高原氮磷肥水平对旱作冬小麦产量与氮素利用的影响. 农业工程学报，27（8）：101-107.

王顶，伊文博，李欢，等，2022. 玉米间作和施氮对土壤微生物代谢功能多样性的影响. 应用生态学报，33（3）：793-800.

王海琪，黄艺华，蒋桂英，等，2022. 氮肥基追比例对滴灌春小麦氮代谢及氮肥利用率的影响. 水土保持学报，36（1）：297-315.

王激清，马文奇，江荣风，等，2007. 中国农田生态系统氮素平衡模型的建立及其应用. 农业工程学报，23（8）：210-215.

王林林，陈炜，徐莹，等，2013. 氮素营养对小麦干物质积累与转运的影响. 西北农业学报，22（10）：85-89.

王美，赵广才，石书兵，等，2017. 施氮及控水对黑粒小麦旗叶光合特性及籽粒灌浆的影响. 核农学报，31（1）：179-186.

王仕琴，郑文波，孔晓乐，2018. 华北农区浅层地下水硝酸盐分布特征及其空间差异性. 中国生态农业学报，26（10）：1476-1482.

王天宇，王振华，陈林，等，2020. 灌排一体化工程对地下水埋深及作物生长影响的研究综述. 水资源与水工程学报，31（4）：174-180.

王西娜，王朝辉，李华，等，2016. 旱地土壤中残留肥料氮的动向及作物有效性. 土壤学报，53（5）：1202-1212.

王晓红，侯浩波，2006. 浅地下水对作物生长规律的影响研究. 灌溉排水学报（3）：13-16，20.

王艳哲，刘秀位，孙宏勇，等，2013. 水氮调控对冬小麦根冠比和水分利用效率的影响研究. 中国生态农业学报，21（3）：282-289.

王永华，胡卫丽，李刘霞，等，2013. 不同基因型小麦产量和氮利用效率的差异及其相互关系. 麦类作物学报，33（2）：301-308.

王月福，于振文，李尚霞，等，2003. 土壤肥力和施氮量对小麦氮素吸收运转及籽粒产量和蛋白质含量的影响. 应用生态学报，14（11）：1868-1872.

王振龙，刘淼，李瑞，2009. 淮北平原有无作物生长条件下潜水蒸发规律试验. 农业工程学报，25（6）：26-32.

吴江琪，马维伟，李广，等，2018. 尕海沼泽化草甸湿地不同地下水位土壤理化特征的比较分析. 草地学报，26（2）：341-347.

武海涛，吕宪国，杨青，等，2008. 三江平原湿地岛状林土壤动物群落结构特征及影响因素. 北京林业大学学报（2）：50-58.

夏雪，谷洁，车升国，等，2011. 施氮水平对塿土微生物群落和酶活性的影响. 中国农业科学，44（8）：1618-1627.

肖俊夫，南纪琴，刘战东，等，2010. 不同地下水埋深夏玉米产量及产量构成关系研究. 干旱地区农业研究，28（6）：36-39.

谢英荷，李廷亮，洪坚平，等，2013. 不同水氮调控措施对旱地冬小麦产量形成及酶活性的影响. 应用与环境生物学报，19（3）：399-403.

熊淑萍，车芳芳，马新明，等，2012. 氮肥形态对冬小麦根际土壤氮素生理群活性及无机氮含量的影响. 生态学报，32（16）：5138-5145.

徐玲花，2014. 塔克拉玛干沙漠微生物固氮酶基因多样性及其活性的研究. 武汉：中国地质大学.

薛景元，2018. 干旱地下水浅埋区基于水盐过程的多尺度农业水分生产力模型与模拟. 北京：中国农业大学.

杨桂生，宋长春，王丽，等，2010. 水位梯度对小叶章湿地土壤微生物活性的影响. 环境科学，31（2）：444-449.

杨会峰，曹文庚，支传顺，等，2021. 近40年来华北平原地下水位演变研究及其超采治理建议. 中国地质，48（4）：1142-1155.

杨建锋，万书勤，邓伟，等，2005. 地下水浅埋条件下包气带水和溶质运移数值模拟研究述评. 农业工程学报，21（6）：158-165.

杨睿，李娟，龙健，等，2021. 贵州喀斯特山区不同种植年限花椒根际土壤细菌群落结构特征研究. 生态环境学报，30（1）：81-91.

叶优良，王玲敏，黄玉芳，等，2012. 施氮对小麦干物质累积和转运的影响. 麦类作物学报，32（3）：488-493.

臧贺藏，刘云鹏，曹莲，等，2012. 水氮限量供给下两个高产小麦品种氮素吸收与利用特征. 麦类作物学报，32（3）：503-509.

张邦喜，范成五，李国学，等，2019. 氮肥运筹对黄壤坡耕地作物产量和土壤无机氮累积量的影响. 中国土壤与肥料，279（1）：1-9.

张迪，王红光，贾彬，等，2017. 播后镇压和冬前灌溉对冬小麦干物质转移和氮素利用效率的影响. 麦类作物学报，37（4）：535-542.

张番，2015. 打好农业面源污染防治攻坚战"一控两减三基本"目标剑指农资. 中国农资，263（14）：3.

张福锁，王激清，张卫峰，等，2008. 中国主要粮食作物肥料利用率现状与提高途径. 土壤学报，45（5）：915-924.

张娟，李广，袁建钰，等，2021. 水氮调控对旱作春小麦土壤、叶片养分含量的影响. 干旱区研究，38（6）：1750-1759.

张凯，陈年来，顾群英，2016. 不同水氮水平下小麦品种对光、水和氮利用效率的权衡. 应用生态学报，27（7）：2273-2282.

张丽霞，杨永辉，尹钧，等，2021. 水肥一体化对小麦干物质和氮素积累转运及产量的影响. 农业机械学报，52（2）：275-282，319.

张琳，孙卓玲，马理，等，2015. 不同水氮条件下双氰胺（DCD）对温室黄瓜土壤氮素损失的影响 植物营养与肥料学报，21（1）：128-137.

张璐，黄建辉，白永飞，等，2009. 氮素添加对内蒙古羊草草原净氮矿化的影响. 植物生态学报，33（3）：563-569.

张嫚，周苏玫，杨习文，等，2017. 减氮适墒对冬小麦土壤硝态氮分布和氮素吸收利用的影响. 中国农业科学，50（20）：3885-3897.

张蔚榛，1996. 地下水与土壤水动力学. 北京：中国水利水电出版社.

张文英，张庆江，1994. 小麦—夏玉米两熟制土壤—作物系统的氮素平衡. 华北农学报（S1）：109-114.

张晓萌，王振龙，杜富慧，等，2020. 砂姜黑土区有无作物生长土壤水与地下水转化关系研究. 节水灌溉（2）：57-60.

张义强，2013. 河套灌区适宜地下水控制深度与秋浇覆膜节水灌溉技术研究. 呼和浩特：内蒙古农业大学.

张亦涛，2018. 基于农学效应和环境效益的华北平原主要粮食作物合理施氮量确定方法研究. 北京：中国农业科学院.

张亦涛，王洪媛，雷秋良，等，2018. 农田合理施氮量的推荐方法. 中国农业科学，51（15）：2937-2947.

张永丽，于振文，2008. 灌水量对小麦氮素吸收、分配、利用及产量与品质的影响. 作物学报，34（5）：870-878.

赵海波，林琪，刘义国，等，2009. 氮磷配施对超高产小麦花后衰老特性及产量的影响. 华北农学报，24（4）：158-162.

赵俊晔，于振文，2006. 高产条件下施氮量对冬小麦氮素吸收分配利用的影响. 作物学报，32（4）：484-490.

赵荣芳，陈新平，张福锁，2009. 华北地区冬小麦—夏玉米轮作体系的氮素循环与平衡. 土壤学报，46（4）：684-697.

赵胜利，龙光强，杨超，等，2016. 施氮对玉米//马铃薯间作作物氮累积和分配的影响. 云南农业大学学报（自然科学），31（5）：886-894.

赵西梅，夏江宝，陈为峰，等，2017. 蒸发条件下潜水埋深对土壤—柽柳水盐分布的影响. 生态学报，37（18）：6074-6080.

赵新春，王朝辉，2010. 半干旱黄土区不同施氮水平冬小麦产量形成与氮素利用. 干旱地区农业研究，28（5）：65-70，91.

郑昭佩，刘作新，魏义长，等，2002. 水肥管理对半干旱丘陵区土壤有机质含量的影响. 水土保持学报，16（4）：102-104.

周加森，马阳，吴敏，等，2019. 不同水肥措施下的冬小麦水氮利用和生物效应研究. 灌溉排水学报，38（9）：36-41.

朱新开，郭文善，封超年，等，2005. 不同类型专用小麦氮素吸收积累差异研究. 植物营养与肥料学报，11（2）：148-154.

朱兆良，金继运，2013. 保障我国粮食安全的肥料问题. 植物营养与肥料学报，19（2）：259-273.

ALI N，AKMAL M，2022. Wheat growth，yield，and quality under water deficit and reduced nitrogen supply：a review. Gesunde Pflanzen，74（2）：371-383.

ASCOTT M J，GOODDY D C，WANG L，et al.，2017. Global patterns of nitrate storage in the vadose zone. Nature Communications，8（1）：1-7.

BABAJIMOPOULOS C，PANORAS A，GEORGOUSSIS H，et al.，2007. Contribution to irrigation from shallow water table under field conditions. Agricultural Water Management，92：205-210.

BADR M A，EL-TOHAMY W A，ZAGHLOUL A M，2012. Yield and water use efficiency of potato grown under different irrigation and nitrogen levels in an arid region. Agricultural Water Management，110：9-15.

BARBETA A，PENUELAS J，2017. Relative contribution of groundwater to plant transpiration estimated with stable isotopes. Scientific Reports，7（10580）：1-10.

BARRETT-LENNARD E G，SHABALA S N，2013. The waterlogging/salinity interaction in higher plants revisited-focusing on the hypoxia-induced disturbance to K^+ homeostasis. Functional Plant Biology，40（9）：872-882.

BASSO B，RITCHIE J T，2005. Impact of compost，manure and inorganic fertilizer on nitrate leaching and yield for a 6-year maize–alfalfa rotation in Michigan. Agriculture，Ecosystems & Environment，108（4）：329-341.

BERG G，SMALLA K，2009. Plant species and soil type cooperatively shape the structure and function of microbial communities in the rhizosphere. FEMS Microbiology Ecology，68（1）：1-13.

CHANEY K，1990. Effect of nitrogen fertilizer rate on soil nitrate nitrogen content after harvesting winter wheat. Journal of Agricultural Science，Cambridge，114：171-176.

CHEN B，TEH B S，SUN C，et al.，2016. Biodiversity and activity of the gut microbiota across the life history of the insect herbivore *Spodoptera littoralis*. Scientific Reports, 6（29505）: 1-14.

CHEN C, XU Z, HUGHES J, 2002. Effects of nitrogen fertilization on soil nitrogen pools and microbial properties in a hoop pine（*Araucaria cunninghamii*）plantation in southeast Queensland, Australia. Biology and Fertility of Soils, 36（4）: 276-283.

CHEN X, CUI Z, FAN M, et al., 2014. Producing more grain with lower environmental costs. Nature, 514（7523）: 486-489.

CHEN X, HU Q, 2004. Groundwater influences on soil moisture and surface evaporation. Journal of Hydrology, 297（1-4）: 285-300.

CHEN X, ZHANG F, RöMHELD V, et al., 2006. Synchronizing N supply from soil and fertilizer and N demand of winter wheat by an improved N_{min} method. Nutrient Cycling in Agroecosystems, 74（2）: 91-98.

CUI S, SHI Y, GROFFMAN P M, et al., 2013a. Centennial-scale analysis of the creation and fate of reactive nitrogen in China（1910-2010）. Proceedings of the National Academy of Sciences of the United States of America, 110（6）: 2052-2057.

CUI Z, CHEN X, LI J, et al., 2006. Effect of N fertilization on grain yield of winter wheat and apparent N losses. Pedosphere, 16（6）: 806-812.

CUI Z, CHEN X, ZHANG F, 2010. Current nitrogen management status and measures to improve the intensive wheat-maize system in China. Ambio, 39（5-6）: 376-384.

CUI Z, CHEN X, ZHANG F, 2013b. Development of regional nitrogen rate guidelines for intensive cropping systems in China. Agronomy Journal, 105（5）: 1411-1416.

CUI Z, ZHANG H, CHEN X, et al., 2018. Pursuing sustainable productivity with millions of smallholder farmers. Nature, 555（7696）: 363-366.

DADGAR M A, NAKHAEI M, PORHEMMAT J, et al., 2020. Potential groundwater recharge from deep drainage of irrigation water. Science of the

Total Environment, 716: 1-12.

DAI J, WANG Z, LI F, et al., 2015. Optimizing nitrogen input by balancing winter wheat yield and residual nitrate-N in soil in a long-term dryland field experiment in the Loess Plateau of China. Field Crops Research, 181: 32-41.

DENG C, ZHANG Y, BAILEY R T, 2021. Evaluating crop-soil-water dynamics in waterlogged areas using a coupled groundwater-agronomic model. Environmental Modelling and Software, 143: 1-12.

DENG X, MA W, REN Z, et al., 2020. Spatial and temporal trends of soil total nitrogen and C/N ratio for croplands of East China. Geoderma, 361: 1-10.

DOELL P, HOFFMANN-DOBREV H, PORTMANN F T, et al., 2012. Impact of water withdrawals from groundwater and surface water on continental water storage variations. Journal of Geodynamics, 59-60: 143-156.

DORDAS C, 2009. Dry matter, nitrogen and phosphorus accumulation, partitioning and remobilization as affected by N and P fertilization and source–sink relations. European Journal of Agronomy, 30（2）: 129-139.

FAROOQ M, GOGOI N, BARTHAKUR S, et al., 2017. Drought stress in grain legumes during reproduction and grain filling. Journal of Agronomy and Crop Science, 203（2）: 81-102.

FIDANTEMIZ Y F, JIA X, DAIGH A L M, et al., 2019. Effect of water table depth on soybean water use, growth, and yield parameters. Water, 11（5）: 1-12.

GALLOWAY J N, TOWNSEND A R, ERISMAN J W, et al., 2008. Transformation of the nitrogen cycle: recent trends, questions, and potential solutions. Science, 320（5878）: 889-892.

GAO X, BAI Y, HUO Z, et al., 2017a. Deficit irrigation enhances contribution of shallow groundwater to crop water consumption in arid area. Agricultural Water Management, 185: 116-125.

GAO X, HUO Z, QU Z, et al., 2017b. Modeling contribution of shallow groundwater to evapotranspiration and yield of maize in an arid area. Scientific Reports, 7 (43122): 1-13.

GAO X, HUO Z, XU X, et al., 2018. Shallow groundwater plays an important role in enhancing irrigation water productivity in an arid area: the perspective from a regional agricultural hydrology simulation. Agricultural Water Management, 208: 43-58.

GARRIDO-LESTACHE E, LOPEZ-BELLIDO R J, LOPEZ-BELLIDO L, 2004. Effect of N rate, timing and splitting and N type on bread-making quality in hard red spring wheat under rainfed Mediterranean conditions. Field Crops Research, 85 (2-3): 213-236.

GHAMARNIA H, DAICHIN S, 2015. Effects of saline shallow groundwater stress on *Coriander sativum* L. water requirement and other plant parameters. Journal of Irrigation and Drainage Engineering, 141 (7): 1-12.

GHAMARNIA H, GOLAMIAN M, SEPEHRI S, et al., 2011. The contribution of shallow groundwater by safflower (*Carthamus tinctorius* L.) under high water table conditions, with and without supplementary irrigation. Irrigation Science, 31 (3): 285-299.

GHOBADI M E, GHOBADI M, ZEBARJADI A, 2017. Effect of waterlogging at different growth stages on some morphological traits of wheat varieties. International Journal of Biometeorology, 61 (4): 635-645.

GOU Q, ZHU Y, HORTON R, et al., 2020. Effect of climate change on the contribution of groundwater to the root zone of winter wheat in the Huaibei Plain of China. Agricultural Water Management, 240: 1-13.

GRANDY A S, SALAM D S, WICKINGS K, et al., 2013. Soil respiration and litter decomposition responses to nitrogen fertilization rate in no-till corn systems. Agriculture, Ecosystems & Environment, 179: 35-40.

GU L M, LIU T N, ZHAO J, et al., 2015. Nitrate leaching of winter wheat grown in lysimeters as affected by fertilizers and irrigation on the North

China Plain. Journal of Integrative Agriculture, 14（2）: 374-388.

GUO J H, LIU X J, ZHANG Y, et al., 2010a. Significant acidification in major chinese croplands. Science, 327（5968）: 1008-1010.

GUO S, WU J, DANG T, et al., 2010b. Impacts of fertilizer practices on environmental risk of nitrate in semiarid farmlands in the Loess Plateau of China. Plant and Soil, 330（1-2）: 1-13.

HAN M, ZHAO C, ŠIMŮNEK J, et al., 2015. Evaluating the impact of groundwater on cotton growth and root zone water balance using Hydrus-1D coupled with a crop growth model. Agricultural Water Management, 160: 64-75.

HERZOG M, STRIKER G G, COLMER T D, et al., 2016. Mechanisms of waterlogging tolerance in wheat-a review of root and shoot physiology. Plant, Cell and Environment, 39（5）: 1068-1086.

HLISNIKOVSKÝ L, VACH M, ABRHÁM Z, et al., 2020. The effect of mineral fertilisers and farmyard manure on grain and straw yield, quality and economical parameters of winter wheat. Plant, Soil and Environment, 66（6）: 249-256.

HOOPER P, ZHOU Y, COVENTRY D R, et al., 2015. Use of nitrogen fertilizer in a targeted way to improve grain yield, quality, and nitrogen use efficiency. Agronomy Journal, 107（3）: 903-915.

HUANG J, ZHOU Y, WENNINGER J, et al., 2016. How water use of Salix psammophila bush depends on groundwater depth in a semi-desert area. Environmental Earth Sciences, 75（7）: 1-13.

HUANG P, ZHANG J, ZHU A, et al., 2018. Nitrate accumulation and leaching potential reduced by coupled water and nitrogen management in the Huang-Huai-Hai Plain. Science of the Total Environment, 610-611: 1020-1028.

HUO Z, FENG S, DAI X, et al., 2012a. Simulation of hydrology following various volumes of irrigation to soil with different depths to the water table. Soil Use and Management, 28（2）: 229-239.

HUO Z, FENG S, HUANG G, et al., 2012b. Effect of groundwater level depth and irrigation amount on water fluxes at the groundwater table and water use of wheat. Irrigation and Drainage，61（3）：348-356.

IBRAHIMI M K，MIYAZAKI T，NISHIMURA T，et al.，2013. Contribution of shallow groundwater rapid fluctuation to soil salinization under arid and semiarid climate. Arabian Journal of Geosciences，7（9）：3901-3911.

IMADA S，YAMANAKA N，TAMAI S，2008. Water table depth affects *Populus albafine* root growth and whole plant biomass. Functional Ecology，22（6）：1018-1026.

JAVED T I I，SINGHAL R K，SHABBIR R，et al.，2022. Recent advances in agronomic and physio-molecular approaches for improving nitrogen use efficiency in crop plants. Frontiers in Plant Science，13：1-21.

JIMENEZ M D L P，HORRA A D L，PRUZZO L et al.，2002. Soil quality：a new index based on microbiological and biochemical parameters. Biology and Fertility of Soils，35（4）：302-306.

KAHLOWN M A，ASHRAF M，ZIA UL H，2005. Effect of shallow groundwater table on crop water requirements and crop yields. Agricultural Water Management，76：24-35.

KARIMOV A K，ŠIMŮNEK J，HANJRA M A，et al.，2014. Effects of the shallow water table on water use of winter wheat and ecosystem health：implications for unlocking the potential of groundwater in the Fergana Valley（Central Asia）. Agricultural Water Management，131：57-69.

KROES J，SUPIT I，VAN DAM J，et al.，2018. Impact of capillary rise and recirculation on simulated crop yields. Hydrology and Earth System Sciences，22（5）：2937-2952.

KUMAR R，PAREEK N K，KUMAR U，et al.，2022. Coupling effects of nitrogen and irrigation levels on growth attributes，nitrogen use efficiency，and economics of cotton. Frontiers in Plant Science，13：1-12.

LAI J，LIU T，LUO Y，2022. Evapotranspiration partitioning for winter wheat with shallow groundwater in the lower reach of the Yellow River

Basin. Agricultural Water Management, 266: 1-9.

LANGAN P, BERNáD V, WALSH J, et al., 2022. Phenotyping for waterlogging tolerance in crops: current trends and future prospects. Journal of Experimental Botany, 73（15）: 5149-5169.

LESTINGI A, BOVERA F, DE GIORGIO D, et al., 2010. Effects of tillage and nitrogen fertilization on triticale grain yield, chemical composition and nutritive value. Journal of the Science of Food and Agriculture, 90（14）: 2440-6.

LI G, ZHAO B, DONG S, et al., 2017. Impact of controlled release urea on maize yield and nitrogen use efficiency under different water conditions. PloS One, 12（7）: 1-16.

LI G, ZHAO B, DONG S, et al., 2020a. Controlled-release urea combining with optimal irrigation improved grain yield, nitrogen uptake, and growth of maize. Agricultural Water Management, 227: 1-13.

LI H, MEI X, WANG J, et al., 2021a. Drip fertigation significantly increased crop yield, water productivity and nitrogen use efficiency with respect to traditional irrigation and fertilization practices: a meta-analysis in China. Agricultural Water Management, 244: 1-10.

LI Y, ŠIMŮNEK J, ZHANG Z, et al., 2015. Evaluation of nitrogen balance in a direct-seeded-rice field experiment using Hydrus-1D. Agricultural Water Management, 148: 213-222.

LI Y, TREMBLAY J, BAINARD L D, et al., 2020b. Long-term effects of nitrogen and phosphorus fertilization on soil microbial community structure and function under continuous wheat production. Environmental Microbiology, 22（3）: 1066-1088.

LI Z, ZHANG Q, QIAO Y, et al., 2021b. Influence of the shallow groundwater table on the groundwater N_2O and direct N_2O emissions in summer maize field in the North China Plain. Science of the Total Environment, 799: 1-11.

LIAN J, LI Y, LI Y, et al., 2022. Effect of center-pivot irrigation intensity on groundwater level dynamics in the agro-pastoral ecotone of Northern China. Frontiers in Environmental Science, 10: 1-12.

LIANG H, SHEN P, KONG X, et al., 2020. Optimal nitrogen practice in winter wheat-summer maize rotation affecting the fates of ¹⁵N-Labeled fertilizer. Agronomy, 10 (4): 1-19.

LIU H, LI Y, 2022. Dynamics of soil salt and nitrogen and maize responses to nitrogen application in Hetao Irrigation District, China. Journal of Soil Science and Plant Nutrition, 22 (2): 1520-1533.

LIU H, WANG Z, YU R, et al., 2016a. Optimal nitrogen input for higher efficiency and lower environmental impacts of winter wheat production in China. Agriculture, Ecosystems and Environment, 224: 1-11.

LIU J, ZHAN A, BU L, et al., 2014. Understanding dry matter and nitrogen accumulation for high-yielding film-mulched maize. Agronomy Journal, 106 (2): 390-396.

LIU L, LUO Y, LAI J, et al., 2015. Study on extinction depth and steady water storage in root zone based on lysimeter experiment and HYDRUS-1D simulation. Hydrology Research, 46 (6): 871-879.

LIU S, WANG H, YAN D, et al., 2017. Crop growth characteristics and waterlogging risk analysis of Huaibei Plain in Anhui province, China. Journal of Irrigation and Drainage Engineering, 143 (10): 1-9.

LIU W, WANG J, WANG C, et al., 2018. Root growth, water and nitrogen use efficiencies in winter wheat under different irrigation and nitrogen regimes in North China Plain. Frontiers in Plant Science, 9: 1-14.

LIU Z, CHEN H, HUO Z, et al., 2016b. Analysis of the contribution of groundwater to evapotranspiration in an arid irrigation district with shallow water table. Agricultural Water Management, 171: 131-141.

LIU T, LUO Y, 2011. Effects of shallow water tables on the water use and yield of winter wheat (*Triticum aestivum* L.) under rain-fed condition. Australian Journal of Crop Science, 5 (13): 1692-1697.

LOISEAU P, SOUSSANA J F, 2000. Effects of elevated CO_2, temperature and N fertilization on nitrogen fluxes in a temperate grassland ecosystem. Global Change Biology, 6 (8): 953-965.

LóPEZ-BELLIDO L, FUENTES M, CASTILLO J E, et al., 1998. Effects of tillage, crop rotation and nitrogen fertilization on wheat-grain quality grown under rainfed Mediterranean conditions. Field Crops Research, 57: 265-276.

LUO Y, SOPHOCLEOUS M, 2010. Seasonal groundwater contribution to crop-water use assessed with lysimeter observations and model simulations. Journal of Hydrology, 389 (3-4): 325-335.

LYU X, WANG T, SONG X, et al., 2021. Reducing N_2O emissions with enhanced efficiency nitrogen fertilizers (EENFs) in a high-yielding spring maize system. Environmental Pollution, 273: 1-11.

MA S C, DUAN A W, WANG R, et al., 2015. Root-sourced signal and photosynthetic traits, dry matter accumulation and remobilization, and yield stability in winter wheat as affected by regulated deficit irrigation. Agricultural Water Management, 148: 123-129.

MA S, GAI P, WANG Y, et al., 2017. Carbohydrate assimilation and translocation regulate grain yield formation in wheat crops (*Triticum aestivum* L.) under post-flowering waterlogging. Agronomy-Basel, 11 (2209): 1-13.

MALHI S S, NYBORG M, GODDARD T, et al., 2010. Long-term tillage, straw and N rate effects on some chemical properties in two contrasting soil types in Western Canada. Nutrient Cycling in Agroecosystems, 90 (1): 133-146.

MAN J, YU Z, SHI Y, 2017. Radiation interception, chlorophyll fluorescence and senescence of flag leaves in winter wheat under supplemental irrigation. Scientific Reports, 7 (7767): 1-13.

MARIEM S B, GONZALEZ-TORRALBA J, COLLAR C, et al., 2020. Durum wheat grain yield and quality under low and high nitrogen conditions: insights into natural variation in low-and high-yielding genotypes. Plants（Basel），9（12）：1-19.

MARINARI S, RADICETTI E, PETROSELLI V, et al., 2022. Microbial indices to assess soil health under different tillage and fertilization in potato（*Solanum tuberosum* L.）Crop. Agriculture, 12（3）：1-12.

MENG Q, YUE S, HOU P, et al., 2016. Improving yield and nitrogen use efficiency simultaneously for maize and wheat in china: a Review. Pedosphere, 26（2）：137-147.

MENGEL K, HüTSCH B, KANE Y, 2006. Nitrogen fertilizer application rates on cereal crops according to available mineral and organic soil nitrogen. European Journal of Agronomy, 24（4）：343-348.

MOITZI G, NEUGSCHWANDTNER R W, KAUL H P, et al., 2020. Efficiency of mineral nitrogen fertilization in winter wheat under pannonian climate conditions. Agriculture, 10（11）：1-19.

MORARI F, LUGATO E, POLESE R, et al., 2012. Nitrate concentrations in groundwater under contrasting agricultural management practices in the low plains of Italy. Agriculture Ecosystems & Environment, 147: 47-56.

MUELLER L, BEHRENDT A, SCHALITZ G, et al., 2005. Above ground biomass and water use efficiency of crops at shallow water tables in a temperate climate. Agricultural Water Management, 75（2）：117-136.

NAJEEB U, ATWELL B J, BANGE M P, et al., 2015. Aminoethoxyvi nylglycine（AVG）ameliorates waterlogging-induced damage in cotton by inhibiting ethylene synthesis and sustaining photosynthetic capacity. Plant Growth Regulation, 76（1）：83-98.

OGOLA J B O, WHEELER T R, HARRIS P M, 2005. Effects of nitrogen and irrigation on water use of maize crops. Field Crops Research, 78: 105-117.

PRZULJ N, MOMČILOVIĆ V, 2003. Dry matter and nitrogen accumulation and use in spring barley. Plant soil environment, 49（1）：36-47.

QIU S, GAO H, ZHU P, et al., 2016. Changes in soil carbon and nitrogen pools in a Mollisol after long-term fallow or application of chemical fertilizers, straw or manures. Soil & Tillage Research, 163: 255-265.

RASMUSSEN I S, DRESBøLL D B, THORUP-KRISTENSEN K, 2015. Winter wheat cultivars and nitrogen (N) fertilization—Effects on root growth, N uptake efficiency and N use efficiency. European Journal of Agronomy, 68: 38-49.

RATHORE V S, NATHAWAT N S, BHARDWAJ S, et al., 2017. Yield, water and nitrogen use efficiencies of sprinkler irrigated wheat grown under different irrigation and nitrogen levels in an arid region. Agricultural Water Management, 187: 232-245.

REN F, SUN N, XU M, et al., 2019. Changes in soil microbial biomass with manure application in cropping systems: A meta-analysis. Soil & Tillage Research, 194: 104291.

ROBERTSON G P, VITOUSEK P M, 2009. Nitrogen in agriculture: balancing the cost of an essential resource. Annual Review of Environment and Resources, 34 (1): 97-125.

RUIZ A, SALVAGIOTTI F, GAMBIN B L, et al., 2021. Maize nitrogen management in soils with influencing water tables within optimum depth. Crop Science, 61 (2): 1386-1399.

RUSSO T A, LALL U, 2017. Depletion and response of deep groundwater to climate-induced pumping variability. Nature Geoscience, 10 (2): 105-108.

RUTKOWSKI K, ŁYSIAK G P, ZYDLIK Z, 2022. Effect of nitrogen fertilization in the sour cherry orchard on soil enzymatic activities, microbial population, and fruit quality. Agriculture, 12 (12): 1-22.

SARULA, YANG H, ZHANG R, et al., 2022. Impact of drip irrigation and nitrogen fertilization on soil microbial diversity of spring maize. Plants (Basel), 11 (23): 1-21.

SHAH N, NACHABE M, ROSS M, 2007. Extinction depth and evapotran spiration from ground water under selected land covers. Ground Water, 45 (3): 329-338.

SHE Y, LI P, QI X, et al., 2022. Effects of shallow groundwater depth and nitrogen application level on soil water and nitrate content, growth and yield of winter wheat. Agriculture, 12（2）: 1-19.

SHEN W, LIN X, SHI W, et al., 2010. Higher rates of nitrogen fertilization decrease soil enzyme activities, microbial functional diversity and nitrification capacity in a Chinese polytunnel greenhouse vegetable land. Plant and Soil, 337（1-2）: 137-150.

SI Z, ZAIN M, MEHMOOD F, et al., 2020. Effects of nitrogen application rate and irrigation regime on growth, yield, and water-nitrogen use efficiency of drip-irrigated winter wheat in the North China Plain. Agricultural Water Management, 231: 1-8.

SILVA A D N, RAMOS M L G, RIBEIRO W Q, et al., 2020. Water stress alters physical and chemical quality in grains of common bean, triticale and wheat. Agricultural Water Management, 231: 1-10.

SOYLU M E, BRAS R L, 2022. Global shallow groundwater patterns from soil moisture satellite retrievals. IEEE Journal of Selected Topics in Applied Earth Observations and Remote Sensing, 15: 89-101.

SOYLU M E, KUCHARIK C J, LOHEIDE S P, 2014. Influence of groundwater on plant water use and productivity: Development of an integrated ecosystem – variably saturated soil water flow model. Agricultural and Forest Meteorology, 189-190: 198-210.

SUN H, SHEN Y, YU Q, et al., 2010. Effect of precipitation change on water balance and WUE of the winter wheat–summer maize rotation in the North China Plain. Agricultural Water Management, 97（8）: 1139-1145.

SUN M, HUO Z, ZHENG Y, et al., 2018. Quantifying long-term responses of crop yield and nitrate leaching in an intensive farmland using agro-eco-environmental model. Science of the Total Environment, 613-614: 1003-1012.

TAN Y, CHAI Q, LI G, et al., 2021. Improving wheat grain yield via promotion of water and nitrogen utilization in arid areas. Scientific Reports, 11（1）: 1-12.

THANGARAJAN R, BOLAN N S, KUNHIKRISHNAN A, et al., 2018.

The potential value of biochar in the mitigation of gaseous emission of nitrogen. Science of the Total Environment, 612: 257-268.

TIAN Z, LIU X, GU S, et al., 2018. Postponed and reduced basal nitrogen application improves nitrogen use efficiency and plant growth of winter wheat. Journal of Integrative Agriculture, 17 (12): 2648-2661.

TİRYAKİOĞLU M, KARANLIK S, ARSLAN M, 2015. Response of bread-wheat seedlings to waterlogging stress. Turkish Journal of Agriculture and Forestry, 39: 807-816.

TRESEDER K K, 2008. Nitrogen additions and microbial biomass: a meta-analysis of ecosystem studies. Ecology Letters, 11 (10): 1111-1120.

ULLAH H, SANTIAGO-ARENAS R, FERDOUS Z, et al., 2019. Improving water use efficiency, nitrogen use efficiency, and radiation use efficiency in field crops under drought stress: a review. In Advances in Agronomy, 156: 109-157.

WANG A, GALLARDO M, ZHAO W, et al., 2019. Yield, nitrogen uptake and nitrogen leaching of tunnel greenhouse grown cucumber in a shallow groundwater region. Agricultural Water Management, 217: 73-80.

WANG C, LIU W, LI Q, et al., 2014. Effects of different irrigation and nitrogen regimes on root growth and its correlation with above-ground plant parts in high-yielding wheat under field conditions. Field Crops Research, 165: 138-149.

WANG D, ZHENG L, GU S, et al., 2018. Soil nitrate accumulation and leaching in conventional, optimized and organic cropping systems. Plant Soil and Environment, 64 (4): 156-163.

WANG S, GUO K, AMEEN A, et al., 2022. Evaluation of different shallow groundwater tables and alfalfa cultivars for forage yield and nutritional value in coastal saline soil of North China. Life (Basel), 12 (2): 1-14.

WANG S, SONG X, WANG Q, et al., 2009. Shallow groundwater dynamics in North China Plain. Journal of Geographical Sciences, 19 (2): 175-188.

WANG X, HUO Z, FENG S, et al., 2016. Estimating groundwater evapotranspiration from irrigated cropland incorporating root zone soil texture and moisture dynamics. Journal of Hydrology, 543: 501-509.

WU X, CAI X, LI Q, et al., 2021. Effects of nitrogen application rate on summer maize (Zea mays L.) yield and water-nitrogen use efficiency under micro-sprinkling irrigation in the Huang-Huai-Hai Plain of China. Archives of Agronomy and Soil Science, 1-15.

XIA J, ZHANG S, ZHAO X, et al., 2016. Effects of different groundwater depths on the distribution characteristics of soil-Tamarix water contents and salinity under saline mineralization conditions. Catena, 142: 166-176.

XIN J, LIU Y, CHEN F, et al., 2019. The missing nitrogen pieces: a critical review on the distribution, transformation, and budget of nitrogen in the vadose zone-groundwater system. Water Research, 165: 1-19.

XU X, HUANG G, SUN C, et al., 2013. Assessing the effects of water table depth on water use, soil salinity and wheat yield: searching for a target depth for irrigated areas in the upper Yellow River basin. Agricultural Water Management, 125: 46-60.

XU X, SUN C, QU Z, et al., 2015. Groundwater recharge and capillary rise in irrigated areas of the upper Yellow River basin assessed by an agro-hydrological model. Irrigation and Drainage, 64 (5): 587-599.

XU X, ZHANG M, LI J, et al., 2018. Improving water use efficiency and grain yield of winter wheat by optimizing irrigations in the North China Plain. Field Crops Research, 221: 219-227.

YAN M, LUO T, BIAN R, et al., 2015. A comparative study on carbon footprint of rice production between household and aggregated farms from Jiangxi, China. Environmental Monitoring and Assessment, 187 (6): 1-13.

YAN S, WU Y, FAN J, et al., 2022. Optimization of drip irrigation and fertilization regimes to enhance winter wheat grain yield by improving post-anthesis dry matter accumulation and translocation in northwest China.

Agricultural Water Management, 271: 1-11.

YANG F, ZHANG G, YIN X, et al., 2011. Study on capillary rise from shallow groundwater and critical water table depth of a saline-sodic soil in western Songnen plain of China. Environmental Earth Sciences, 64 (8): 2119-2126.

YANG J, LI B, LIU S, 2000. Large weighing lysimeter for evapotranspiration and soil-water-groundwater exchange studies. Hydrological Processes, 14: 1887-1897.

YANG X, LU Y, DING Y, et al., 2017. Optimising nitrogen fertilisation: a key to improving nitrogen-use efficiency and minimising nitrate leaching losses in an intensive wheat/maize rotation (2008—2014). Field Crops Research, 206: 1-10.

YING H, XUE Y, YAN K, et al., 2020. Safeguarding food supply and groundwater safety for maize production in China. Environmental Science & Technology, 54 (16): 9939-9948.

YU C, HUANG X, CHEN H, et al., 2019. Managing nitrogen to restore water quality in China. Nature, 567 (7749): 516-520.

YUE X, HU Y, ZHANG H, et al., 2019. Optimizing the nitrogen management strategy for winter wheat in the North China Plain using rapid soil and plant nitrogen measurements. Communications in Soil Science and Plant Analysis, 50 (11): 1310-1320.

ZHANG F, CUI Z, FAN M, et al., 2011. Integrated soil-crop system management: reducing environmental risk while increasing crop productivity and improving nutrient use efficiency in China. Journal of Environment Quality, 40 (4): 1051-1057.

ZHANG H, LI Y, MENG Y, et al., 2019. The effects of soil moisture and salinity as functions of groundwater depth on wheat growth and yield in coastal saline soils. Journal of Integrative Agriculture, 18 (11): 2472-2482.

ZHANG K, SHAO G, WANG Z, et al., 2022. Modeling the impacts of groundwater depth and biochar addition on tomato production under climate change using RZWQM2. Scientia Horticulturae, 302: 1-16.

ZHANG L, HE X, LIANG Z, et al., 2020. Tiller development affected by nitrogen fertilization in a high - yielding wheat production system. Crop Science, 60（2）: 1034-1047.

ZHANG L, ZHANG W, CUI Z, et al., 2021. Environmental, human health, and ecosystem economic performance of long-term optimizing nitrogen management for wheat production. Journal of Cleaner Production, 311: 1-11.

ZHANG W, ZHU J, ZHOU X, et al., 2018. Effects of shallow groundwater table and fertilization level on soil physico-chemical properties, enzyme activities, and winter wheat yield. Agricultural Water Management, 208: 307-317.

ZHANG Y, ZHANG J, ZHU T, et al., 2015. Effect of orchard age on soil nitrogen transformation in subtropical China and implications. Journal of Environmental Sciences, 34: 10-19.

ZHAO N, LIU Y, CAI J, et al., 2013. Dual crop coefficient modelling applied to the winter wheat–summer maize crop sequence in North China Plain: basal crop coefficients and soil evaporation component. Agricultural Water Management, 117: 93-105.

ZHAO R F, CHEN X P, ZHANG F S, et al., 2006. Fertilization and nitrogen balance in a wheat-maize rotation system in North China. Agronomy Journal, 98（4）: 938-945.

ZHONG Y, YAN W, SHANGGUAN Z, 2015. Impact of long-term N additions upon coupling between soil microbial community structure and activity, and nutrient-use efficiencies. Soil Biology and Biochemistry, 91: 151-159.

ZHOU J, GU B, SCHLESINGER W H, et al., 2016. Significant accumulation of nitrate in Chinese semi-humid croplands. Scientific Reports, 6: 1-8.

ZHOU W, MA Y, WELL R, et al., 2018. Denitrification in shallow groundwater below different arable land systems in a high nitrogen-loading region. Journal of Geophysical Research: Biogeosciences, 123（3）: 991-1004.

ZHOU Z, WANG C, ZHENG M, et al., 2017. Patterns and mechanisms of responses by soil microbial communities to nitrogen addition. Soil Biology and Biochemistry, 115: 433-441.

ZHU Y, REN L, HORTON R, et al., 2018. Estimating the contribution of groundwater to the root zone of winter wheat using root density distribution functions. Vadose Zone Journal, 17（1）: 1-15.